U0593023

国家出版基金项目
NATIONAL PUBLICATION FOUNDATION

地质灾害预防

王得楷　张满银　刘小晖　著

兰州大学出版社
LANZHOU UNIVERSITY PRESS

图书在版编目（CIP）数据

地质灾害预防 / 王得楷，张满银，刘小晖著.
兰州：兰州大学出版社，2024. 12. --（西北地区自然
灾害应急管理研究丛书 / 赖远明总主编）. -- ISBN 978-
7-311-06745-8

Ⅰ. P694

中国国家版本馆 CIP 数据核字第 20249PP951 号

责任编辑　包秀娟　宋　婷
封面设计　汪如祥

丛 书 名　西北地区自然灾害应急管理研究丛书
丛书主编　赖远明　总主编
　　　　　（第一辑共5册）
本册书名　地质灾害预防
　　　　　DIZHI ZAIHAI YUFANG
本册作者　王得楷　张满银　刘小晖　著
出版发行　兰州大学出版社　（地址:兰州市天水南路222号　730000）
电　　话　0931-8912613(总编办公室)　0931-8617156(营销中心)
网　　址　http://press.lzu.edu.cn
电子信箱　press@lzu.edu.cn
印　　刷　广西昭泰子隆彩印有限责任公司
开　　本　787 mm×1092 mm　1/16
成品尺寸　185 mm×260 mm
印　　张　17.5
字　　数　352千
版　　次　2024年12月第1版
印　　次　2024年12月第1次印刷
书　　号　ISBN 978-7-311-06745-8
定　　价　106.00元

（图书若有破损、缺页、掉页,可随时与本社联系）

丛书序言

近年来，在气候变化与地质新构造运动的双重影响下，我国西北地区生态脆性日益突出，山体滑坡、泥石流、地震、沙尘暴等自然灾害时有发生，给当地人民的生命财产和工农业生产带来了严重威胁和危害。西北地区是基础设施建设的重镇，其经济社会发展是国家"十四五"规划战略的重要组成部分，但自然灾害的频发，严重影响和制约了当地国民经济和社会的发展。

《中共中央关于制定国民经济和社会发展第十四个五年规划和二〇三五年远景目标的建议》提出"统筹推进基础设施建设。构建系统完备、高效实用、智能绿色、安全可靠的现代化基础设施体系"的战略要求；党的二十大报告强调了构建国家大安全大应急框架，提升防灾救灾以及重大突发公共事件处置和保障能力；《中共中央关于进一步全面深化改革、推进中国式现代化的决定》对"推进国家安全体系和能力现代化"作出系统部署，提出"强化基层应急基础和力量，提高防灾减灾救灾能力"；国务院发布的《"十四五"国家应急体系规划》，提出了2025年显著提高自然灾害防御能力和社会灾害事故防范及应急能力的具体目标。这些战略目标的制定和推出，对我国尤其是西北地区自然灾害防范及应急管理能力的提升提供了根本遵循。

在全球化背景下，科技创新是当今世界各国综合国力的重要体现，也是各国竞争的主要焦点，科技创新在我国全面进行社会主义现代化建设中具有核心地位。为了顺利实现国家"十四五"规划目标，迫切需要对自然灾害产生的影响因素及发生机理进行研究，创新预防自然灾害的防治技术，以降低自然灾害的发生率；迫切需要构建我国西北地区自然灾害应急管理能力评估的知识框架与指标体系，提高灾后应急管理能力，做到早预防、早处理，以提升人民的幸福感和安全感。

为了呼应和服务西部大开发、西气东输等国家重大战略的实施，为西北地区自然灾害防治提供技术支持，为西北地区的工程建设提供实验数据、理论支持和实践保障，我们在研究防治自然灾害的同时，也重视对自然环境的保护和修复，协调人与自然的关系。基于此，我们以专业学术机构为依托，以研究团队的研究成果为基础，融合自然科学与社会科学、技术与管理多学科交叉成果，策划编写了"西北地区自然灾害应急管理研究丛书"，力图从学理上分析西北地区自然灾害发生的原因和机理，创新西北地区自然灾害的防治技术，提升自然灾害防御的现代化能力和自然灾害的危机管理水平，为国家"十四五"规划中重大工程项目在西北地区的顺利实施提供技术支持。本丛书从科学角度阐释了西北地区自然灾害发生的影响因素和机理，并运用高科技手段提升对自然灾害的防治能力和应急管理水平。

本丛书为开放式系列丛书，按研究成果的进度，分辑陆续出版。

是为序。

中国科学院院士　李远明

2024.11.29

序 一

地质灾害（狭义的地质灾害主要包括滑坡、崩塌、泥石流、地面塌陷、地裂缝、地面沉降6种）是地球系统演化过程中出现的对人类生存条件和生命安全造成危害的自然现象，它伴随着人类的繁衍生息与人类在地球上长期共存。地质灾害是人类社会的共同挑战，认识灾害规律、防范灾害风险是人类生存发展的永恒课题。人类正是在不断认识灾害规律、与自然灾害抗争的过程中，逐渐探寻出人与自然和谐共生的科学路径，进而通过推动文明演进与科技创新，为实现幸福安居的美好愿景、建设可持续发展的宜居地球家园奠定坚实基础。

印度板块与欧亚板块的碰撞引发了青藏高原的快速隆升，致使我国形成复杂而活跃的地质构造和三大阶梯地貌格局，并拥有季风和西风气候条件。这种特殊的地质地形和气候气象条件的组合有利于地质灾害的发育，导致我国地质灾害类型多样、暴发频繁、损失巨大。仅2010年8月8日凌晨暴雨激发的甘肃舟曲县城泥石流，就造成1 765人遇难，导致舟曲县城约1/3的房屋被毁和2万余人无家可归。[①]2008年汶川地震触发了3万余处滑坡，其中北川县王家岩滑坡造成1 600余人死亡，成为汶川地震区单灾点造成罹难人数最多的灾害。[②]据不完全统计，我国近十年平均每年发生的滑坡、崩塌、泥石流、地面沉降、地裂缝等地质灾害多达5 000余起。[③]其中，2018—2022年全国共发生地质灾害27 407起，共造成950人伤亡，直接经济损失高达1 396 329万元。[④]我国地质灾害分布广泛且频发，这对人民群众的生命财产和公共基

[①]《舟曲特大山洪泥石流灾害抢险救灾和恢重建志》编纂委员会：《舟曲特大山洪泥石流灾害抢险救灾和恢重建志》，甘肃文化出版社，2016.

[②] 张泽林，车福东：地震滑坡灾害–创巨痛深，https://jslee.geomech.ac.cn/kpyd/kpjz/428.htm.

[③] 国家减灾网，https://www.ndrcc.org.cn/kpxc/index.jhtml.

[④] 国家统计局，https://data.stats.gov.cn/easyquery.htm?cn=C01.

础设施构成了严重威胁。地质灾害不仅会导致大量人员伤亡和巨额经济损失，还可能吞噬经济社会发展的成果，甚至造成因灾返贫和因灾致贫的现象，这无疑是阻碍灾害易发易灾区经济社会发展的重要因素。由此可见，我国的防灾减灾需求广泛而迫切。

气候变化导致的温度升高和极端气候事件增多对灾害发生的水源、物源、能量等条件产生了系统性影响，致使地质灾害出现新特点和新趋势。灾害的强度、频率、持续时间、影响范围等出现显著变化，复合灾害、链生灾害与多灾种叠加造成的复合风险急剧增加。因此，气候变化条件下出现了超历史纪录、超现有认知、超防控标准的灾害风险，我国防灾减灾工作面临巨大挑战。

地质灾害中地球表层物质迁移与能量转化的动力成灾过程是一个复杂且涉及多因素相互作用的系统过程，如多圈层（岩石圈、大气圈、水圈、生物圈）相互作用、多应力（内应力、外应力、瞬时扰动力等）协同驱动、多相介质（岩体、土体、水体、气体等）交互输移、多过程（块体运动、颗粒运动、流体运动等）耦连演化等。目前，虽然地质灾害成因分析与运动力学研究均有了系统性进展，但仍然难以定量地预测和认识灾害及其风险。美国国家研究理事会发布的地球科学十年战略规划，即《时域地球——美国国家科学基金会地球科学十年愿景（2020—2030）》，明确把"预测和定量认识地质灾害以降低风险和损失、拯救生命和基础设施"列为12个优先科学问题之一。人们对地质灾害形成及演化机理认知的局限，直接影响着灾害预测的精准性和灾害风险防范的有效性，使得地质灾害仍然具有复杂性、隐蔽性、随机性、不可预见性。地质灾害的发生地点和时间难以准确确定，这给灾害精准预防带来了空前的难度，因此加强地质灾害预防工作显得尤为重要。

党和国家秉持执政为民的理念，高度重视灾害防治等重大民生问题，全面部署全国防灾减灾救灾工作，以提高全社会抵御自然灾害的综合防范能力。习近平总书记对防灾减灾救灾作出一系列指示，提出"人民至上、生命至上""两个坚持""三个转变"等防灾减灾思想和"四个精准"的防灾减灾要求，为我国新时期防灾减灾工作指明了指导思想、确定了战略任务。目前，我国已经构建了新的应急管理体系，"防、减、抗、救"能力得到大幅提升，防灾减灾成效非常显著，因灾死亡人数大幅降低。

联合国推动的《仙台减少灾害风险框架》，以及我国政府部署的提高全社会抵御自然灾害综合防范能力的战略任务，都十分重视灾害风险认知、灾害预测预防和减灾知识传播，以提升减灾最末端危险区内居民的灾害风险认知水平和应对能力，只有这样才能最直接地提高减灾效果。我国幅员广阔，人口众多，地质灾害的危险区十分广泛，大量村庄、城镇、工矿区，以及交通、水利、电力工程等大多分布在地质灾害易发区。面对大量的灾点和广大灾害易发区，预防地质灾害只靠政府管理人员和科技人员是远远不够的，必须通过科学普及，提高地质灾害易发易灾区广大干部群众对地质灾害的认知水平和防范能力，这样才能在大范围取得良好的防灾效果。因此，防灾减灾具有十分明显的社会性特征，减灾知识普及是直接惠及当地民众的有效途径。

《地质灾害预防》原版于2010年出版，在通过各种途径向地质灾害易发易灾区的干部群众宣传普及后，取得了良好的效果。作者王得楷研究员等具有浓郁的家国情怀，情系危险区人民安危，坚守初心，矢志不移，与时俱进，时刻关注地质灾害研究进展，不断积累实践经验，持续深化灾害风险认知，在充分吸收近年来防灾减灾科普读物编写先进经验的基础上，对该书进行了系统的修改和完善，增加了黄土湿陷灾害预防等内容，增加和重绘了相关图件，更新充实了书中的大量资料，使得新的版本图文并茂、概念清晰、知识全面、内容新颖、浅显易懂，呈现出崭新的面貌，更适合地质灾害危险区基层社区居民、灾害管理人员和初入行的减灾技术人员学习，也更适合用于地质灾害防灾减灾科学知识的培训和传播。修订后的《地质灾害预防》一书得到了国家出版基金的资助。本书的再版发行，将是对我国地质灾害防治科普事业作出的一大贡献，也必将对提高民众防灾意识和基层灾害防范能力产生积极而深远的影响。

期盼《地质灾害预防》修订版早日付梓，惠及广大地质灾害易发易灾区的人民群众。

中国科学院院士

中国科学院地理科学与资源研究所

2024年12月

序　二

　　崩塌、滑坡、泥石流等是人类社会发展中面临的一系列极为突出的地质灾害问题。各类地质灾害的孕育发生是地质环境条件不断演变的结果，也是"人-地"关系矛盾的最直接的表现形式。地质环境作为人类赖以生存和发展的重要基础，一旦人与地质环境"打交道"的过程中出现不和谐、发生了矛盾，地质环境便会失衡，就会酿成地质灾害，导致人员伤亡和财产损失。预防地质灾害，是保障人居环境安全，维系"人-地"关系和谐和社会经济可持续发展的重要方式和举措。

　　我国地势西高东低，西部以高原和山地为主，是长江、黄河等重要大江大河的形成发育区域，山高谷深，高差悬殊，新构造运动活跃，地质时代相对较新，加之黄土等质地相对松软的地层分布广泛，地质环境十分复杂，是全国滑坡、崩塌、泥石流等地质灾害分布最密集的区域，尤其是西北黄土覆盖区，属于我国第一地形台阶向第二地形台阶的过渡地带，地质环境十分脆弱，地质灾害频发，严重制约着区域经济社会发展。这次由国家出版基金支持的"西北地区自然灾害应急管理丛书"推荐《地质灾害预防》一书入列，必将对区域地质灾害防治和地质环境管理起到积极有效的指导和帮助作用。

　　该书是2010年版的更新再版，科普视野，图文并茂，注重理论与实践相结合，是作者长期从事地质灾害一线抢险救援、防治和地质环境保护工作中大量一线素材的提炼与总结。内容主要涵盖了常见的崩塌、滑坡、泥石流、地裂缝、地面塌陷、地面沉降和黄土湿陷等灾害类型，系统地集成了各灾种的概念、类型、危害、诱因、征兆和预防等方面的认识进展、先进经验、实用技术和实操方法，同时还通过相关典型案例客观再现了灾害的危害性和预防工作的重要性。书中浅显易懂的文字叙述和形象直观的图表展示模式，非常适合基层干部群众阅读并快速掌握地质灾害常识及其预防知识，从而科学应对突如其来的灾害威胁与破坏，保护个人生命和生活家园的安全。本书的再版发行，是甘肃省科学院地质自然灾害防治研究所相关研究人员兢兢业业、脚踏实地、勇于创新以及理论与实践相结合科研精神的充分体现，希望作者单位充分发挥专业特色，在今后的工作中持续不懈探索实践，取得更多更好的基层防治地质灾害的科研成果，为我国的防灾减灾事业做出更大贡献。

中国工程院院士

中国科学院西北生态环境资源研究院

2024 年 12 月

前　言

我国地质环境复杂，山地面积占陆地面积的70%以上，滑坡、崩塌、泥石流、地面塌陷、地裂缝、地面沉降等地质灾害（隐患）分布十分广泛，每年都有大量地质灾害发生，给人民群众生命财产及经济建设造成了严重损失。多年来，我国先后出台了一系列相关法规、政策来指导与规范政府、社会及个人与地质环境"打交道"的行为，明确了相应的责任和义务。20世纪末的"国际减灾十年"期间，我国成立了国土资源部（1998年成立），进一步加强了对地质灾害的防治工作，尤其是2004年3月起施行的《地质灾害防治条例》（国务院令第394号）和2011年做出的《国务院关于加强地质灾害防治工作的决定》，使我国的地质灾害防治和地质环境保护与管理工作上升到一个更高的平台和管理层面。与此同时，各省（区、市）相应出台的相关法规和管理规定，使地质灾害防治和地质环境保护工作逐步体系化、规范化、法制化。2018年国务院机构改革，各部门或行业分散的应急管理职能统一归口于应急管理部。这一举措体现了国家对应急救灾管理整体性和系统性的重视，也进一步理顺和规范了相应的业务关系及工作程序。

地质灾害防治既是国家防灾减灾工作的重要环节，也是地质环境保护与修复工作中的重要内容，涉及的头绪纷繁。概括起来，地质灾害防治主要包括预防（如调查评价、监测预警等）、救灾、灾后恢复（治理）重建等几个大的方面。

"预防为主，防治结合，综合治理"等是我国防灾减灾的基本原则和方针。这一方针的确立，是基于我国的基本国情、经济发展水平和对灾害风险的认识水平的。在地质灾害防治方面，预防同样至关重要。就社会防灾和个人安全而言，预防应该是主动应对灾害来临的常态。"防患于未然"和"有备无患"是中国文化对人类安全实践哲学的一大贡献，表达了人们对安全的底线防范意识，也充分体现了"预防"在防灾减灾活动中的重要性。预防准备到位，将灾害损失降到最低限度是体现现代社会治理水平的关键指标。多年来，地质灾害防治的实践充分证明，地质灾害预防主要是通过行政管理和政策法规的推行实施、地质灾害预防科学知识的普及、生态环境保护、工程绕避和危险区居民避险搬迁、监测预警预报和工程防治等几方面的措施来实现的。将其分门别类、扎扎实实具体落实到地质灾害易发易灾地区社会层级的方方面面，不断提高全社会的防灾意识和防灾能力，才能取得实际的预防效果。地质灾害预防在我国有狭义和广义之分。狭义的地质灾害预防属于地质灾害防治传统理论的一部分，基于地质灾害发生的时间节点，可将整个防治过程划分为三个阶段。将灾害发生之前为防治地质灾害所做的一切努力统称为地质灾害预防工作或地质灾害预防阶段，这一概念与自然灾害综合研究中提出的"备灾"或"备灾阶段"的概念基本相同；将地质灾害发生后较短时段内的应急救灾工作称为应急救灾阶段；将灾后重建阶段涉及的以工程治理为代表的地质灾害防治工作统称为地质灾害治理或避让阶段。近年来，我国强调全面推进依法治国，政府批准的"地质灾害防治规划"具有法律效力，只要经充分论证被列入规划"清单"的项目，就要按规划期限监督执行，基本不受地质灾害发生与否等因素的限制。每年列入规划"清单"的项目，进入政府"台账"严格管理，而突发地质灾害事件则按紧急情况处理。那么，地质灾害治理工程是否属于预防范围？其实专业科技人员都清楚，地质灾害治理工程就是对地质灾害最好的预防措施，"治"是寓意于"防"之中的，按规定的设防标准修建的地质灾害治理工程，能够确保在设防标准条件下地质灾害风险区内生命财产的安全。因此就产生了广义地质灾害预防的概念，即地质灾害防治工作中除了应急援灾行动之外，一切围绕地质灾害防治开展的活动都应属于地质灾害预防的内容。但从管理角度，从"防"与"治"的传统概念出发，狭义的地质灾害预防仍具现实操作意义。

不同类型的灾害，其形成、发生、发展变化的规律各不相同。但在社会管理方面，对于各类灾害的预防管理的原则基本类同，而不同类型的灾害在防治技术方法和措施上则差别较大，因此对从事不同门类专门灾害防治工作人员的专业素质要求相对较高。灾害防治是一项公益性、社会化和公众参与性很强的活动。灾害的预防说到底是在对灾害规律认识的基础上，通过政府的主导和倡导，在一定社会管理体制机制下，以唤醒或提高大众及全社会的防灾意识、提高综合防灾能力和水平，从而达到将灾害损失降到最低限度为目的的社会化行为过程。生活在地质灾害易发区、高风险区和易灾区的广大群众，尽管具有长期以来与自然抗争的某些心理素质，但受防灾知识传播不够和个体知识水平的限制，往往对地质灾害的发生习以为常，防灾意识普遍比较淡薄，在一些较大型的突发性灾害面前往往是手足无措，不知道该干什么，如何去干。如2008年"5·12"汶川特大地震灾害及其引发的大规模、大面积次生地质灾害，2010年舟曲"8·8"特大型泥石流灾害及2023年"12·18"甘肃积石山地震诱发的同震滑坡－泥流灾害链等等一系列地质灾害的抢险救灾实践均充分证明，进一步提高全社会的防灾意识和灾害预防水平仍然是当前和今后最重要的防灾减灾任务。这些便是我们编写与再版本书的初衷和动力。

　　本书采用图文并茂的形式,结合浅显易懂的文字和形象直观的图表,以略深于一般科普读物的方式编写。参考近年来宣传地质灾害防治知识的最新资料和科技文献,并结合编者多年的工作经验,从地质灾害及预防的概念入手,详细介绍了我国境内(较侧重西北地区)分布、发育较为严重的崩塌、滑坡、泥石流、地面塌陷、地裂缝、地面沉降6种地质灾害,以及西北地区较普遍的黄土湿陷地质灾害。书中对每种地质灾害的概念、类型、危害、诱因、前兆和预防等内容进行了总结叙述,重点归纳和梳理了地质灾害的概念、类型、预防范围内的相关知识和基本的科学技术方法。此外,还对预防地质灾害的若干领域分门别类地进行了详细阐述,并通过文字叙述和图片、图表的展示,使内容更加生动和易于理解。书中选用的案例和图片资料力求新颖并具代表性,以便更好地展示出地质灾害严重的危害性及预防工作的重要性。同时,为了使广大读者能更加系统地了解、掌握国家在地质灾害防治、地质环境保护方面的相关政策和法律法规,书中还专门汇总了当前国内相关的主要法规条文。鉴于国务院《地质灾害防治条例》准备重新修订,本书再版时取消了该条例的编印,增加了《国务院关于加强地质灾害防治工作的决定》。为了使基层应急管理部门、自然资源部门在编制地质灾害"应急预案""防治规划""年度防治方案"等文本时有所学习和参考,书中还专门编印了相关的编制要求和参考样板。本书旨在通过通俗易懂的科普式专业知识读本,让生活在山丘区和地质灾害易发易灾区的广大群众、干部和相关管理人员较全面系统地了解地质灾害及其防治管理方法,掌握一些必备的预防知识、预防手段、技术方法和政策法规,从而较快较好地提高他们的地质灾害预防知识水平,以便于他们在地质灾害来临时及平时工作中能够做到有章可循、有条不紊,更加科学有效地进行地质灾害防控减灾。

　　本书汇集了编者长期以来从事地质灾害防治和地质环境保护工作的一些研究成果,同时也表达了编者的一种愿望,就是让广大地质灾害易发区、危险区和易灾区的群众和干部,能够以快速、直观、通俗的方式掌握预防地质灾害的必要知识。这样,当面对突发性地质灾害时,他们就能够从容地应对,并积极主动地配合政府部门开展与做好地质灾害防灾减灾工作。

　　本书原版于2010年6月出版,时隔10多年在有关方面的鼓励与支持下,我们决定对其再版。政府机构的变动、体制机制的健全、防灾减灾政策的调整、科学技术和知识的更新等,对地质灾害预防工作及该书再版工作影响很大。再版过程中除了大量地更新调换与扩充有关内容外,还专门增加了黄土湿陷灾害的相关内容。本书可供具有初中以上文化程度的读者阅读,也可供大专及以上院校相近专业的学生学习参考,还可供行业管理人员和工程技术人员参考使用。本书再版得到了国家出版基金的资助,得到了第二次青藏高原综合科学考察研究任务九"地质环境与灾害"专题二"重大泥石流灾害及风险"项目（2019QZKK0902）和专题六"综合灾害风险评价与防御"项目（2019QZKK0906）的支持，也得到了兰州大学出版社的大力举荐和甘肃省科学院的大力支持，还受到甘肃省科学院地质自然灾害防治研究所承担的甘肃省2022年度重点人才项目（2022RCXM094）团队的鼎力相助，在此深表感谢！

本书再版主要参编人员为王得楷、张满银、刘小晖。其中，前言、概论和编后语由王得楷完成；崩塌、滑坡、泥石流、地面塌陷、地裂缝和地面沉降章节主要由张满银、刘小晖完成；黄土湿陷灾害章节由王得楷、张满银完成；群测群防、应急预案、防治规划、年度方案章节由张满银、刘小晖、王得楷完成；法规条文由张满银、刘小晖完成；附录由陈秀清、张连科、张满银完成。全书内容由王得楷审定，文、图、表等由张满银、包秀娟合作编辑完成，刘小晖协助完成了全书的插编、校对等工作，陈秀清、张连科完成了附录的收集整理工作，周自强、葛永刚、刘兴荣、唐家凯、宿星、孙志忠、邹强、陈蓉等为本书提供了相关资料。本书得到了国家自然灾害防治研究院副院长胡杰的精心审阅，胡院长根据多年管理地质灾害防治工作的经验提出了许多宝贵意见和建议。本书编写过程中还参考了诸多同行的文献和图片资料，因受篇幅限制，未能一一列出。在此，向胡院长、单位同事和相关作者表示衷心的感谢！

由于编者的水平有限，书中难免存在错漏和不足之处，恳请读者批评指正，并提出宝贵意见，以便我们今后不断完善。

编　者

2024年10月

目　录

第1章　概　论

1.1　地质灾害的概念及内涵

地质灾害是指由于自然因素或者人为活动引发的危害人民生命和财产安全的山体崩塌、滑坡、泥石流、地面塌陷、地裂缝、地面沉降等与地质作用有关的灾害，如图1-1—图1-6所示。

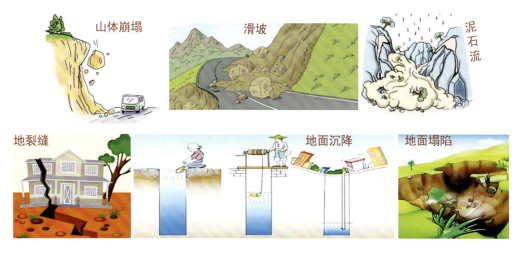

图1-1　常见易发地质灾害示意图

以上定义是2004年实施的《地质灾害防治条例》（国务院令第394号）对地质灾害给出的法律界定，侧重强调了我国政府对地质灾害管理的内涵，也兼顾了学术界对地质灾害给出的界定。这一定义还表达了以下涵义：

（1）地质灾害强调"地质作用"的决定性，与地质作用无关的旱灾、火灾、冰冻、虫害等不属于这一概念的范畴。因我国管理工作之需，地震灾害未被列入地质灾害。

（2）地质灾害是在自然、人为因素综合作用下形成的灾害（图1-7），即在自然地质作用或人为作用，或是二者共同作用影响下形成的，也不排除其可能引发的次生地质灾害。

图1-2　山体崩塌

图1-3　滑坡

图1-4　泥石流

图1-5　地面塌陷

图1-6　地裂缝

（3）地质灾害与其他灾害一样，是对人民生命和财产安全造成危害的事件和潜在威胁的现象；发生在人迹罕至、人烟稀少地区，未对人民生命和财产安全造成危害或潜在威胁的地质环境变化，则不属于这一概念范畴。

（4）狭义地质灾害的类型主要分为山体崩塌、滑坡、泥石流、地面塌陷、地裂缝、地面沉降等，简称"崩、滑、流、塌、裂、沉"，这与学术界的类型划分不尽相同。这6种灾害是我国常见多发、危害性相对严重的灾害类型，也是人们日常生活中经常提到的"地质灾害"，即为本书着重讨论的内容。广义的地质灾害类型（图1-8）多达几十种甚至上百种，大家对此认识还不完全一致，本书不做深入讨论。

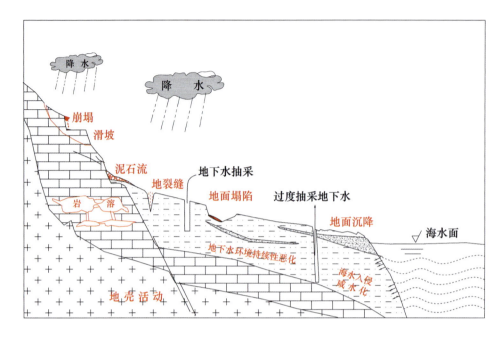

图1-7　常见易发地质灾害孕育发生示意图

图1-8　广义(学术)上的地质灾害主要类型示意图(不完全列举)

1.2　我国地质灾害分布、发育概况

我国地域辽阔，经纬度和海拔高程跨度大，地形地貌、地层岩性、地质构造等地质环境条件复杂，地震活动强烈，降水集中，加之长期以来全社会对自然资源的过度索取，以及不合理的工程建设与过于频繁的开发等，使我国成为世界上遭受地质灾害最严重的国家之一。

崩、滑、流等地质灾害通常具有一定的隐蔽性、复杂性、动态性、不可预见性、突发性和破坏性。如图1-9—图1-12所示，我国地质灾害的分布发育具有类型和数量多、发生频率高、分布地域广而不均、灾害损失大等特点。

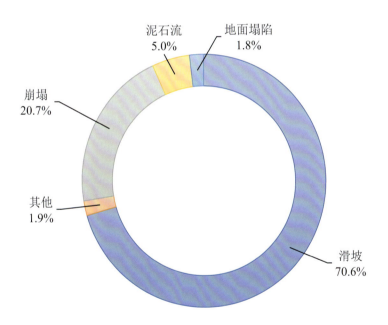

图1-9　我国常见易发地质灾害类型占比图（2003—2023年）

（数据来源：国家统计局）

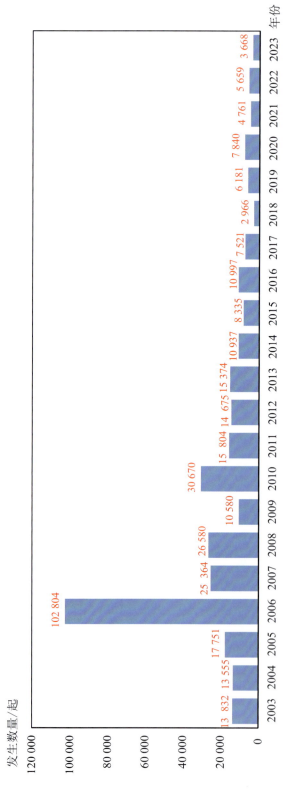

图 1-10　我国地质灾害发生情况统计图（2003—2023 年）

（数据来源：国家统计局）

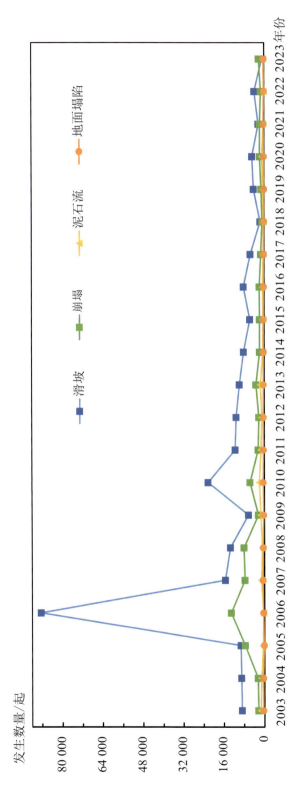

图 1-11 我国四大类地质灾害发生情况统计图 (2003—2023 年)

(数据来源：国家统计局)

发生数量/起

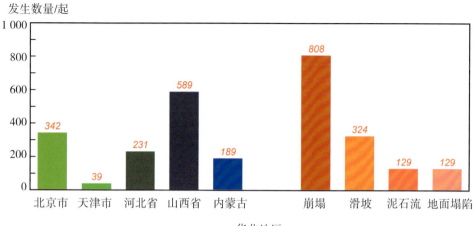

华北地区

发生数量/起

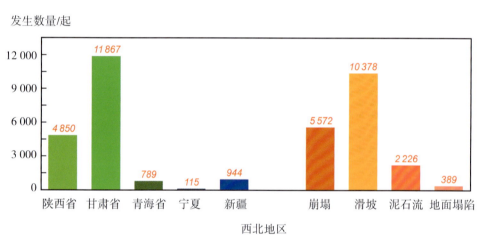

西北地区

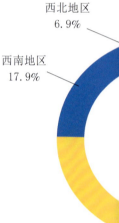

西北地区
6.9%

西南地区
17.9%

发生数量/起

西南地区

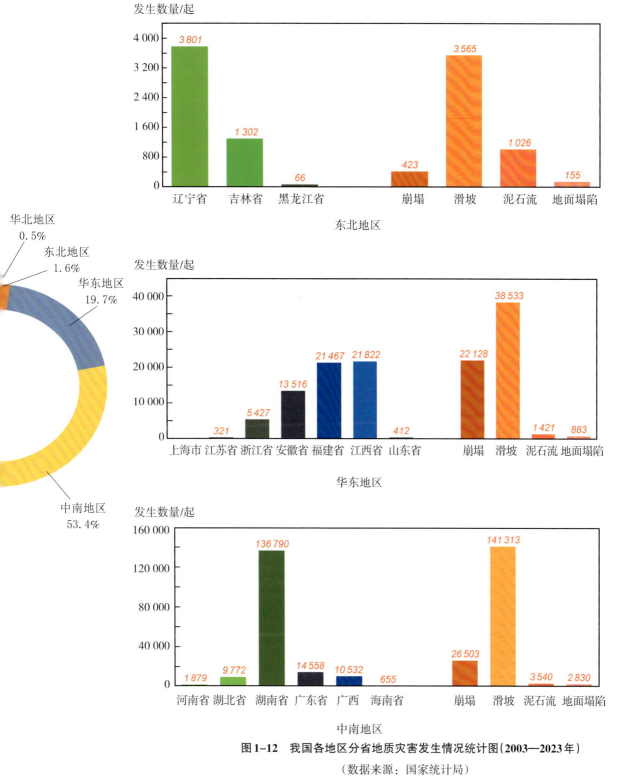

图 1-12　我国各地区分省地质灾害发生情况统计图（2003—2023 年）

（数据来源：国家统计局）

1.3 我国地质灾害防治的管理

我国政府历来就十分重视自然灾害的防灾、救灾、减灾工作，指定由国家减灾委负责贯彻执行国家抗灾救灾的方针、政策，处理抗灾救灾事宜，指导全国防灾减灾工作，相应的省（区、市）、县（市、区）各级政府也设立专门的救灾机构，承上启下统筹指导并综合协调属地抗灾、救灾工作。

国土资源部成立（1998年）以前的很长一段时间内，我国地质灾害防治工作的管理较为混乱，缺乏系统有效的管理。1998年国土资源部从行政职能上正式归口管理地质环境保护和地质灾害防治工作。之后，国家逐步理顺了全国各级政府的相应管理体制，形成了覆盖全国的地质环境保护和地质灾害防治管理体系（图1-13、图1-14）。2004年3月1日起施行的国务院《地质灾害防治条例》规定："国务院国土资源主管部门负责全国地质灾害防治的组织、协调、指导和监督工作。国务院其他有关部门按照各自的职责负责有关的地质灾害防治工作。县级以上地方人民政府国土资源主管部门负责本行政区域内地质灾害防治的组织、协调、指导和监督工作。县级以上地方人民政府其他有关部门按照各自的职责负责有关的地质灾害防治工作。" 2018年新一轮国家机构改革"三定"方案成立了自然资源部、应急管理部，原国土资源部不再保留，新组建的自然资源部承接了有关地质灾害防治管理中除灾害应急救援工作以外的全部职能；应急管理部的成立则标志着我国的灾害管理向综合性管理迈出了一大步。这样就进一步理顺了中国特色的地质灾害防治管理机制，厘清了部门机构间的职责划分与协调互动机制，减少了以往工作中的专业重叠、越位缺位、推诿扯皮等问题，大大提升了新时代我国地质灾害防治工作的行政与实操效率。

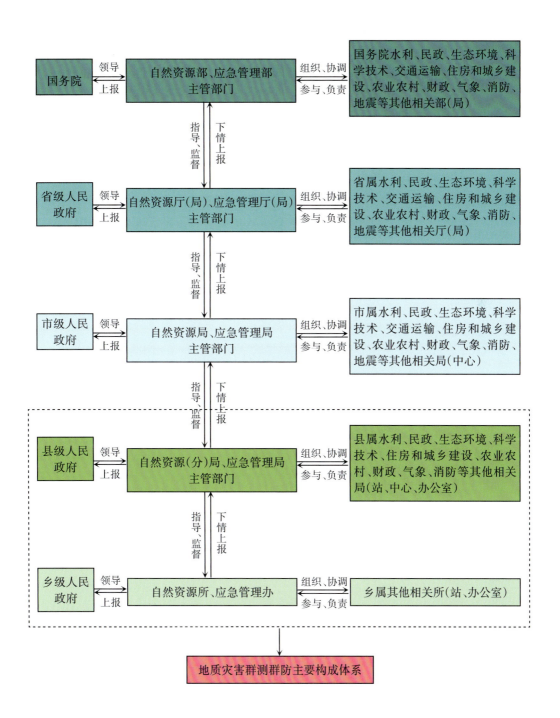

图1-13　我国地质灾害防治管理"五级制"机构组织体系图

地质灾害预防

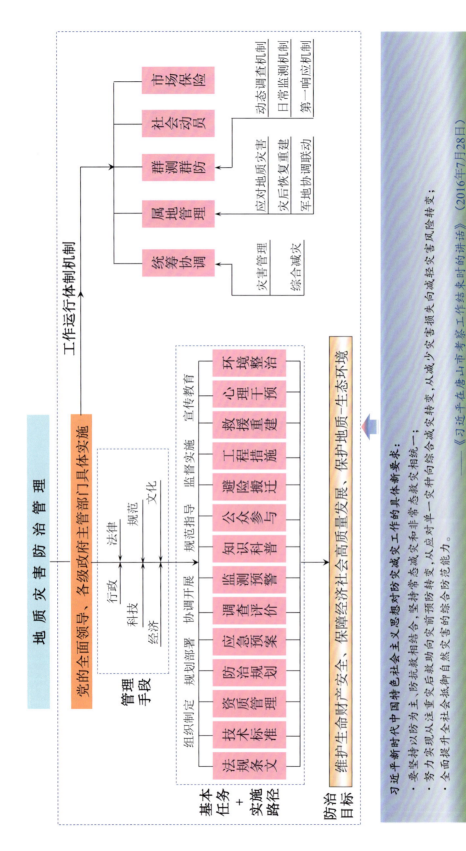

图1-14 我国地质灾害防治管理的任务目标与工作运行机制简图

012

1.4 地质灾害险情、灾情及等级划分

险情，指地质灾害隐患的潜在危害性，包括地质灾害隐患可能威胁的人数和威胁的财产数量（潜在的经济损失）。图1-15—图1-18分别示意了截至2023年甘肃及全国地质灾害隐患类型统计情况和地质灾害险情统计情况。

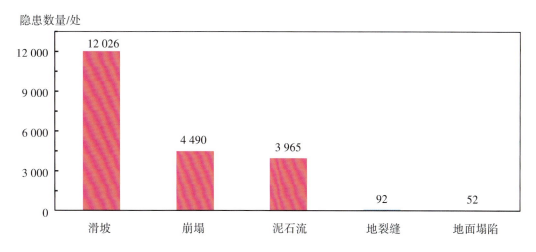

图1-15 截至2023年甘肃省地质灾害隐患类型统计图

（数据来源：自然资源部门）

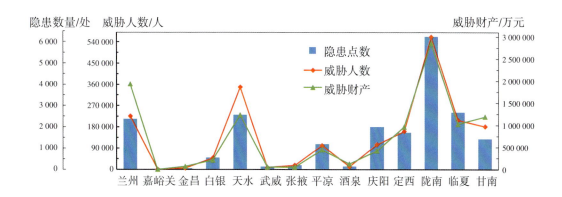

图1-16 截至2023年甘肃省地质灾害险情统计图

（数据来源：自然资源部门）

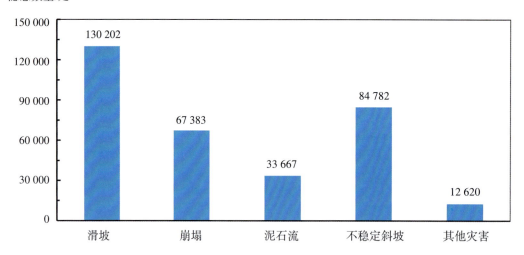

图1-17 截至2020年全国地质灾害隐患类型统计图

（数据来源：国家统计局）

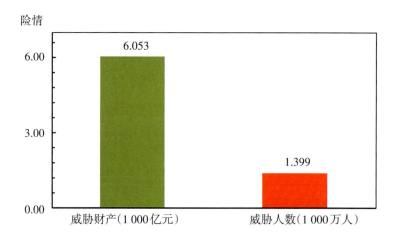

图1-18 截至2020年全国地质灾害险情统计图

（数据来源：国家统计局）

灾情，指地质灾害发生后实际的人员损伤和经济损失，包括地质灾害造成的人员伤亡和直接经济损失。图1-19示意了2003—2022年我国地质灾害灾情统计情况。

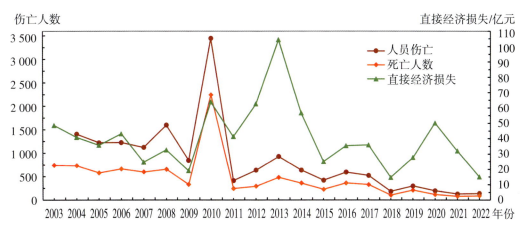

图1-19　我国地质灾害灾情统计图（2003—2022年）

根据国家规定，针对某一处地质灾害隐患中可能威胁的人员数量、潜在经济损失大小，可将险情划分为4个等级，如表1-1所示。

表1-1　地质灾害险情分级标准

等级*	受威胁人数/人	潜在经济损失/万元
特大型（Ⅰ级）	≥1 000	≥10 000
大型（Ⅱ级）	1 000～500	10 000～5 000
中型（Ⅲ级）	500～100	5 000～500
小型（Ⅳ级）	<100	<500

说明："*"指险情分级两项指标不在同一级次时，按从高原则确定等级。

针对某一次地质灾害事件中造成的人员死亡数量、直接经济损失大小，可将灾情划分为4个等级，如表1-2所示。

表1-2　地质灾害灾情分级标准

等级*	死亡人数/人	直接经济损失/万元
特大型（Ⅰ级）	≥30	≥1 000
大型（Ⅱ级）	30～10	1 000～500
中型（Ⅲ级）	10～3	500～100
小型（Ⅳ级）	<3	<100

说明："*"指灾情分级两项指标不在同一级次时，按从高原则确定等级。

1.5 地质灾害防灾减灾体系构成

地质灾害防治工作是一项非常复杂的系统工程，需要同时体现对地质灾害的预防、治理、救灾、恢复重建等多方面的综合减灾效应，建立一套具有查、测、报、评、防、抗、救、建等多功能、全方位的防灾减灾体系。同时，不断开展多学科、跨学科间的交叉与前沿科学技术的探索研究，加强全民防灾减灾科普教育，加强监测预警预报，做好物资保障储备，健全法规条例、标准规范等，从而全面提高全社会防灾减灾意识、水平和综合能力。我国地质灾害防灾减灾工作体系构成，如图1-20所示。

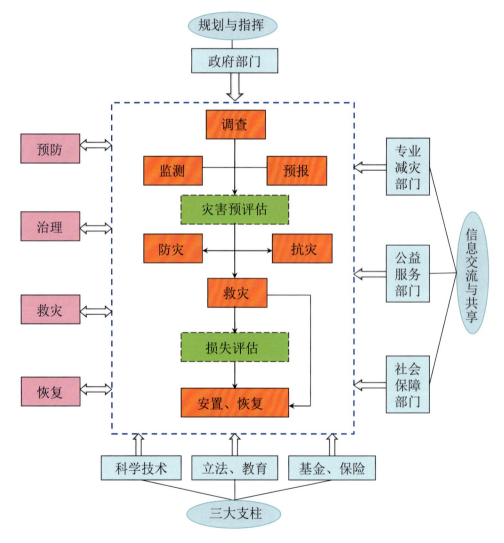

图1-20 我国地质灾害防灾减灾工作体系构成简图

1.6 地质灾害防治工作的主要原则、制度和措施

地质灾害的防灾减灾不仅需要社会各界的协同、互助，还需要严格的组织、管理、执行、落实和保障等方面的有效措施。

1.三项原则

（1）坚持"以人为本、预防为主、避让与治理相结合，全面规划、突出重点、科学减灾"的原则；

（2）坚持"自然因素造成的地质灾害，由各级人民政府负责治理；人为因素引发的地质灾害，谁引发谁治理"的原则；

（3）坚持"依法依规、统一管理、分工协作"的原则。

2.五项制度

（1）实行地质灾害调查制度；

（2）实施地质灾害预警预报制度；

（3）开发规划区和工程建设场地应实行地质灾害危险性评估制度；

（4）国家执行地质灾害危险性评估、地质灾害勘查与防治工程等的资质管理制度；

（5）与建设工程配套实施的地质灾害治理工程应落实同时立项、同时施工、同时验收的"三同时"制度。

3.五项措施

（1）国家建立地质灾害监测网络和预警信息系统；

（2）县级以上人民政府要制定突发性地质灾害的应急预案并公布实施；

（3）县级以上地方人民政府要制定年度地质灾害防治方案并公布实施；

（4）发生地质灾害时，各级人民政府要成立地质灾害抢险救灾指挥机构，启动突发性地质灾害应急预案，统一协调相关部门的工作，指挥和组织地质灾害的抢险救灾；

（5）地质灾害易发区的县、乡、村在网格化管理基础上加强地质灾害的群测群防工作。

1.7　地质灾害预防的必要性及意义

从国家防灾减灾的总体思路和工作体系看，"以人为本，预防为主"是我国防灾减灾工作长期贯彻执行的最基本指导思想和原则，这是基于我国基本国情和地质灾害背景条件提出的，是过去、现在和将来相当长时期内必须坚持的，是第一位的工作。

从致灾机理（致灾体与受灾体的对立统一形成灾害）的辩证关系看，预防措施能够直接有效地避免致灾作用（致灾体）与受灾对象（受灾体）的相互遭遇（对立统一），从而达到预期的减灾效果。图1-21为地质灾害系统形成要素及可预防性关联图。

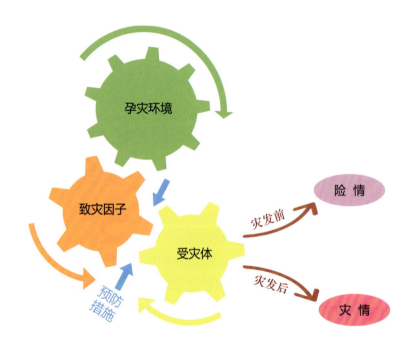

图1-21　地质灾害系统形成要素及可预防性关联图

从灾害孕育的动态角度看，大多地质灾害及其致灾作用的初期酝酿阶段，致灾体有维持稳定或平衡的一定抵抗力，发展速度也较缓慢，只要及时主动地采取相应的处治措施与手段便能使其恢复稳定状态，从而避免或减轻灾害的发生。一旦致灾作用发展到后期的加剧变形、恶化阶段，再想实施处治措施则所需要的代价会大大增加，甚至在时间上已不允许，从而失去用最小付出挽救损失的良机，进而成为被动受灾，造成巨大伤亡和损失。

从经济合理性的角度分析，较早进行地质灾害预防与避让，其成本比灾害发生后进行抢险救灾、治理、恢复重建等少得多，尤其当灾害造成重大人员伤亡时，两者则更无法相比。因此，地质灾害预防的重要性不言而喻。

地质灾害预防是地质灾害防治的基础，也是地质灾害减灾工作体系中预防、治理、救灾和恢复四大环节的首要环节和重中之重，同时更是"预防为主""防早防小"指导思想的最直接体现。从减灾工作体系四大环节的相互响应机制看，灾前预防工作与灾时（后）救灾、治理、恢复工作间存在着此起彼伏、相互消长的响应关系，越是紧抓灾前的预防，从有"蛛丝马迹"时抓起，灾时（后）的救灾、治理和恢复工作便越容易、越简捷，相应的综合成本便越低，损失也越小；反之，则越大。图1-22示意了地质灾害预防、治理、救灾、恢复四大环节的响应关系。

图1-22 地质灾害预防、治理、救灾、恢复四大环节响应关系图

地质灾害与其他能够引起政府和社会高度关注的灾害一样，其预防既是一项宏大的系统工程，也是一项社会化的"行为规则"，其本质就是提高全社会的防灾意识、素质和防灾减灾管理水平。大量事实证明，适时或提前采取预防措施是防止灾害破坏、减少灾害损失最为安全有效的途径。

1.8 地质灾害预防工作的基本要求

地质灾害预防工作千头万绪，多年来我国通过对全国地质灾害预防工作实践进行总结和归纳，就地质灾害预防工作提出以下基本要求。

其一，全面贯彻执行相关法律法规，在地质灾害易发区切实将地质灾害预防工作放在政府工作应有的位置。

其二，在预防工作的具体实践中，应走专业队伍与当地群众相结合、技术业务与行政措施并重的群专结合、专业化监测预警与群测群防相结合的社会化防灾路线。

其三，各级人民政府要有常设的地质灾害应急抢险救灾指挥机构、领导班子、成员和队伍及群防群测人员，定期更新《地质灾害应急预案》，关键时刻要有信息来源、统一指挥、成员班底和应急救灾队伍。

其四，县一级政府每年必须预留一定的应急救灾资金，确保灾害发生时能够迅速响应和提供必要的物资支持，要兴建和维修救灾物资仓库、购置和补充必需的抢险救灾物资、更新应急食品和药品等。

其五，必须让受威胁的群众知道灾害来临时与谁联系、从哪一条路逃离、临时安置点在哪里，并每年至少举办一次应急演练。

其六，要注重科学研究，以科技创新为先导，综合开展地质灾害防治理论与技术研究。同时也要不断提高全民防灾减灾意识，加强科技知识和政策法规的宣传普及，地质灾害威胁区要主动与科研技术部门或单位建立联系，每年至少举办2次科普或政策法规宣传活动，尽最大可能提高全社会的防灾减灾抗灾智力水平。

其七，要不断地组织联合社会各方面力量，积极争取"各级政府、科学技术界、工程企业界、公益救助领域和公众社会"构成"五位一体"的战略合作伙伴关系，构筑灾害预防的社会化长效机制和体系。

其八，要鼓励地质灾害危险区的单位、企业和群众积极参与灾害保险、巨灾保险和人身伤害保险等。

1.9 地质灾害预防工作体系构成

上医医未病之病，中医医欲病之病，下医医已病之病。

——唐代医学家 孙思邈

We must shift from a culture of reaction to a culture of prevention. Prevention is not only more humane than cure, it is also much cheaper. (我们必须从反应的文化转换为预防的文化。预防不但比救助更人道，而且成本也小得多。)

——联合国原秘书长 安南

未雨绸缪防灾减灾，全民参与共筑平安。

——当代民间谚语

坚持以防为主、防抗救相结合……努力实现从注重灾后救助向注重灾前预防转变……从减少灾害损失向减轻灾害风险转变……

——习近平关于"防灾减灾救灾"工作系列重要论述之摘录

以上几段文字表明了"预防"在社会生活中的重要性。对于地质灾害也不例外，我们应树立"望其不来，其来有备，备而无患"的防灾减灾观。地质灾害的预防主要是通过管理优化、政策法规实施、人才资金储备、灾害调查识别、监测预警预报、躲（绕）避和避险搬迁、群测群防、科技知识普及等一系列措施来实现的。另外，必须依靠法制，发挥政府的主导作用，依靠科技、群众，建立起全社会"居安思危，防范胜于救灾"的防灾文化，坚持不断地增强全民防灾减灾意识和能力，走人与自然和谐共生及社会经济健康可持续的发展路径。

地质灾害预防工作体系由一系列具体工作措施和工作任务构成，是多年来地质灾害防治工作的经验结晶，如图1-23所示。作为地质灾害危害区政府工作的组成部分，从组织领导、业务分工、社会参与、全民响应，到政府部门、科技力量、群众和社会共同参与的具体实施计划，地质灾害预防工作是一项组织严密、分工协作和全社会共同参与的系统工程。这也充分说明，地质灾害预防及治理工作都必须依靠严格管理、依靠法律、依靠科技、依靠群众、依靠社会保障体系、依靠社会生活的方方面面。

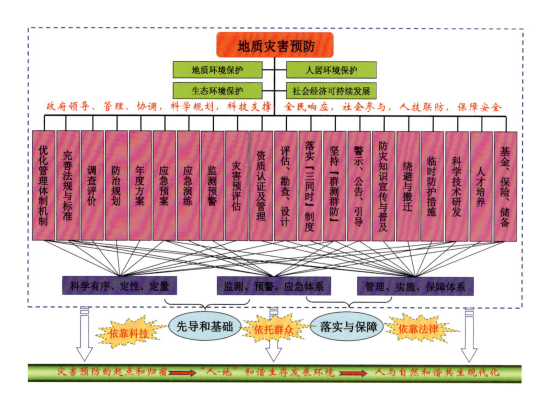

图1-23　地质灾害预防工作体系及要素组成图

1.10　地质灾害监测、预警、评估及调查

　　地质灾害的形成有一定的孕育发展过程，对此过程进行科学监测，就能够提供对地质灾害预判、预测、预报、预警、警报、预评估、救灾及治理等的信息基础。监测是防灾减灾工作的先导性措施之一，是实现对地质灾害提前主动防范的关键技术。近年来，随着遥感技术的迅速发展，地质灾害监测手段已从传统的地面简易监测，逐渐步入专业化、自动化、精准化、动态化、远程化，形成了"天-空-地-内"一体化的协同监测技术体系，如图1-24所示。

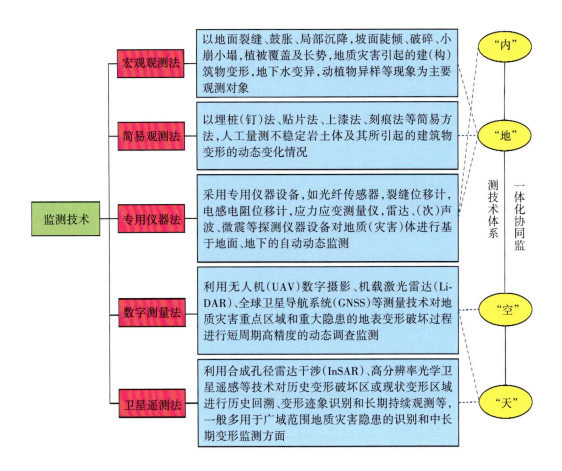

图1-24　地质灾害监测技术简介

从时间上讲，地质灾害预警一般包括预测、预警、预报和警报四个层次，每个层次都是需要政府部门、技术单位与公众社会共同参与实施的综合预警体系。预警是地质灾害预防中各项行动与举措的科学依据和前提条件。表1-3为地质灾害预警技术简介。

表1-3　地质灾害预警技术简介

阶段	时间尺度	空间尺度	方法	数据	指标	措施
预测	1~10年	大区域	区域评价区划	地质调查数据库	发育度、风险度、危害度	建设规划预防
预警	1月~1年	小区域	一次过程观测	监测数据库	临界区间值	局部转移或全部准备避难
预报	数日	局部	精密仪器监测	分析模型库	警戒值	搬迁
警报	数小时	局部	精密仪器监测	灵敏度分析	警戒值	紧急搬迁

地质灾害气象风险预警，是指依据事前的预报降雨量和（或）过程降雨量进行地质灾害发生可能性及成灾风险的预警预报工作。气象风险预警的内容主要包括"三要素"，即时间区间、空间范围和成灾风险大小。预警的对象主要是降水引发的山体崩塌、滑坡、泥石流等突发性、群发型地质灾害，一般不包括地面沉降、地裂缝、地面塌陷等类灾害；预警的发布方式目前主要是利用电视台、网站、短信、微信、微博、报纸等媒介公开发布相关信息，若遇红色预警、紧急情况时，可通过电话呼叫、登门通知等方式进行。当前我国有关降水等气象工作主要由国家和地方气象部门、水利部门负责，因此在实际工作中需由自然资源部门会同气象、水利部门联合发布地质灾害的气象风险预警。表1-4示意地质灾害气象风险预警等级与信号划分。

表1-4　地质灾害气象风险预警等级与信号划分

预警等级	风险等级	预警信号颜色	预警图标
Ⅰ级	风险很高	红色（R=255,G=0,B=0）	
Ⅱ级	风险高	橙色（R=242,G=165,B=0）	
Ⅲ级	风险较高	黄色（R=255,G=255,B=0）	
Ⅳ级	有一定风险	篮色（R=0,G=0,B=255）	

地质灾害预防阶段的评估是对地质灾害的预评估，一般指地质灾害危险性评估，是在对某一区域、区段地质灾害历史灾情和地质环境条件调查分析的基础上，对今后灾害的易发程度和可能造成的破坏损失程度进行的预测性评价，主要包括对各类工程建设和开发场地或城镇、乡村、园区规划的地质灾害进行危险性评估。地质灾害危险性评估是制定国土规划、社会经济发展规划、地质灾害防治方案、应急预案和重要建设项目用地立项阶段的基础性工作之一，其不可替代建设工程和规划区的工程地质勘察、岩土工程勘察或有关的专项评价等工作。图1-25示意地质灾害危险性评估工作程序。

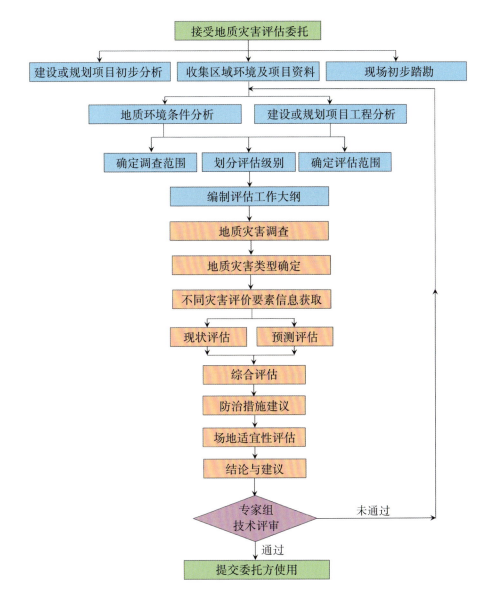

图1-25 地质灾害危险性评估工作程序图

为了解某区域（某点、某段）地质灾害的孕灾条件、分布规律、发育特征、发展趋势及其致灾危害性等情况而进行的常规性基础调查和专门性地质灾害隐患点应急排查，即为地质灾害调查。地质灾害调查是制定地质灾害防治规划、建立地质灾害数据库和信息系统、划定地质灾害易发区和危险区、完善地质灾害群测群防网络、编制地质灾害年度防治方案、进行地质灾害监测和预警、进行地质灾害危险性评估、组织应急措施实施等预防工作和相关开发建设项目立项、规划的前提和基础。图1-26示意地质灾害调查工作简介。

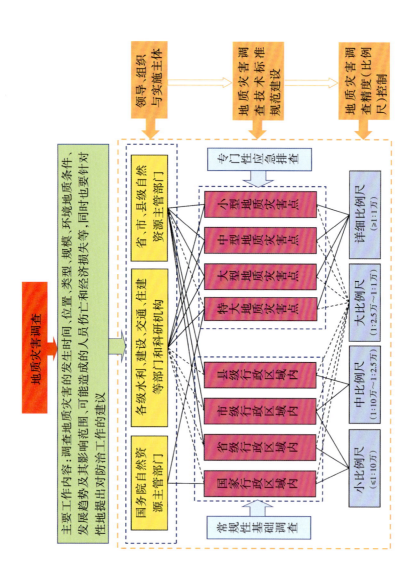

图1-26　地质灾害调查工作简介

第2章 崩 塌

2.1 崩塌的概念及特点

崩塌是指高陡斜坡上的岩土体在重力作用下突然脱离山体崩落、倾倒、弹跳、滚动，并可能发生相互撞击，最后堆积于坡脚形成倒石锥的地质现象。崩塌也称"崩落、落石、坍塌、垮塌、塌方或山崩"等，见图2-1—图2-4所示。

崩塌的主要特点是：

（1）下落速度快、发生突然；

（2）崩塌体脱离母体在下落过程中一般整体性会遭到破坏，且垂直位移远大于水平位移；

（3）崩积物大小混杂、规模差异大、杂乱无章，且由于较大岩土块的下落能量大，翻滚较远，所成堆积体颗粒多具有"上小下大"或"近小远大"等特点。

图2-1 典型崩塌示意图

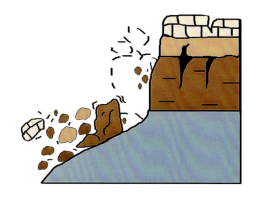

图2-2 杂乱无章崩落(积)体示意图

图2-3 台湾基隆山体崩塌(土石崩落)

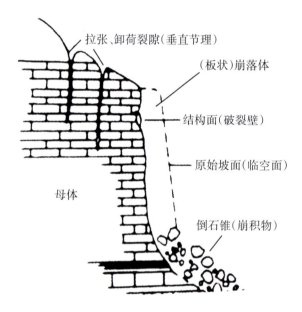

图2-4 崩塌基本要素示意图

2.2 崩塌的主要类型

崩塌的类型多种多样,且有不同的分类方法,目前工程技术界常按物质组成、发生地点、运动方式、堆积规模等的不同进行划分。

按崩塌物质组成不同,可划分为:

(1)岩质崩塌(岩崩),如图2-5所示;

(2)土质崩塌(土崩、坍塌),如图2-6所示;

(3)混合型崩塌,如图2-7所示。

图 2-5　"5·12"地震引发的四川绵阳—北川公路岩质边坡崩塌

图 2-6　"5·12"地震引发的G212线甘肃武都桔柑乡大岸庙村段土质边坡崩塌

图 2-7　持续降雨引发重庆开州区一岩土混合体边坡(碎石类土)发生崩塌

按崩塌发生地点的不同，可划分为：

（1）山体崩塌（山崩），如图2-8所示；

（2）河（湖、库）岸崩塌（塌岸），如图2-9所示。

图2-8　山崩

图2-9　塌岸

按崩塌发生时运动方式（演化破坏机制）的不同，可划分为：

（1）倾倒式崩塌；

（2）滑移式崩塌；

（3）鼓胀式崩塌；

（4）拉裂式崩塌；

（5）错断式崩塌。

它们对应的特征如图2-10所示。

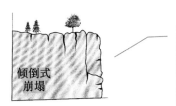
- 岩性多为黄土、玄武岩、灰岩等；
- 结构面多为垂直裂面控制(如柱状节理、直立层等)；
- 地貌多为深切峡谷、陡坡、悬崖等；
- 崩落体形状多为板状、长柱状；
- 岩土体受倾覆力矩作用而常发生倾倒式破坏；
- 失稳因素主要有水的作用、地震动、重力、冻融等。

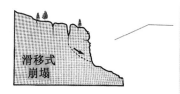
- 岩性多为软硬"二元"结构层(存在软弱夹层)状；
- 结构面一般倾向临空面，多呈直线或折线形、楔形或圆弧形等；
- 地貌基本为陡坡，坡度通常在50°以上；
- 崩落体可能组合成多种形状(如柱状、楔形、板状等)；
- 岩土体主要受剪切力作用而破坏滑移；
- 失稳因素主要有水的作用、重力、地震力等。

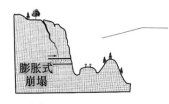
- 岩性多为陡立黄土、黏土以及坚硬岩层下伏软弱岩等；
- 结构面上部多为垂直节理、下部近水平面控制；
- 地貌上多为陡坡状；
- 崩落体多为板状、长柱状；
- 岩土体下部软岩受垂直挤压鼓胀并伴有下沉、滑移、倾斜作用；
- 失稳因素主要有重力挤压、水的作用、冻胀等。

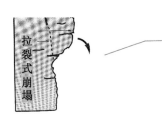
- 岩性多为软硬相间互层状；
- 结构面多为风化裂隙和重力拉张裂隙组合控制；
- 地貌上多为上部突出悬崖、孤立状危岩；
- 崩落体一般上部多为硬岩，且以悬梁臂状突出发育；
- 岩土体主要受拉张、卸荷作用而破坏；
- 失稳因素主要有重力、水的作用等。

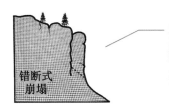
- 岩性多为坚硬岩层、黄土；
- 结构面多受垂直裂隙控制、中下部无倾向临空的结构面；
- 地貌上多为大于45°的陡坡；
- 崩落体多为长柱状、板状形态；
- 岩土体多受自重剪切力作用而发生错落式破坏；
- 失稳因素主要有重力、水的作用等。

图2-10　按不同运动方式(破坏机理)划分的崩塌类型及特征

按崩塌崩积体规模不同，可划分为：

（1）特大（巨型）崩塌（崩积体≥100×10⁴ m³）；

（1）特大（巨型）崩塌（崩积体$\geq 100 \times 10^4$ m³）；

（2）大型崩塌（崩积体$10 \times 10^4 \sim 100 \times 10^4$ m³）；

（3）中型崩塌（崩积体$1 \times 10^4 \sim 10 \times 10^4$ m³）；

（4）小型崩塌（崩积体$< 1 \times 10^4$ m³）。

2.3　崩塌的主要危害

崩塌，尤其是高位崩塌突然发生时一般下落速度很快，杂乱无章的飞石落砂具有强破坏性，往往会造成严重的人员伤亡、工程基础设施毁坏、厂矿企业损毁、交通线路中断等危害，如图2-11所示。

图2-11　2018年山西五台山景区发生山体崩塌导致景区核心区公路中断

2019年8月14日中午12时44分，受四川省凉山彝族自治州部分地区持续降雨影响，位于其北部甘洛县境内的成昆铁路凉红至埃岱站段的2#～3#隧洞之间（N：29°02′09.38″，E：102°47′59.09″），数万方高位岩体（80 m×40 m×10 m）突发崩塌（图2-12），致使铁路线中断并造成17名现场抢险人员遇难。灾害发生后，铁路部门立即启动Ⅰ级响应，迅速组织力量并会同当地公安、武警、消防、应急、医护等人员全力开展应急救援。省、州、县相关部门领导、专家也在第一时间赶赴现场指导抢险救援工作。

图2-12 成昆铁路四川甘洛段"8·14"岩质崩塌灾害现场

2023年1月28日0时30分左右，山西省吕梁市柳林县穆村镇沙曲村康家沟发生一起黄土崩塌灾害（图2-13）。灾害发生时崩积体中较大土块砸向1栋2层居民楼房并砸穿房顶板及隔层后，大量崩积物涌进房内，造成4人死亡、直接经济损失约31万元的"中型"灾情地质灾害。此次崩塌主要发生在山坡体顶部，崩落体由第四系上更新统（Q_3）粉土组成，崩塌区轮廓清晰，平面形状呈圈椅状。崩塌体崩落方向210°，最大崩落高度38.7 m，崩落距离6～10 m。灾害发生后，山西省领导第一时间作出指示、批示，吕梁市与柳林县迅速启动相应的应急预案，并组建了柳林县"1·28"山体崩塌应急救援指挥部，组织公安、消防、应急等部门全力开展应急处置和救援工作，并对周围进行了地质安全排查，疏散了周边居民。

图2-13 山西柳林"1·28"黄土崩塌灾害现场

2024年1月22日6时许，云南省昭通市镇雄县塘房镇凉水村遭受一起山体崩塌灾害（图2-14）。突发的高位岩质崩落体冲击、压埋了合兴、和平2个自然村的18户村民的房屋等设施，致使44人遇难、3人受伤，直接经济损失严重。此次崩塌灾害属山体斜坡顶部区位的陡崖体（高差约240 m）发生山体开裂-倾倒式的山崩，崩塌体横宽约100 m，上下垂高约60 m，平均厚度约6 m。岩体倾倒脱离母体崩落至山坡中下部后，崩积物在强大冲击力作用下，高速运动并刮铲挟带表层土体形成崩滑碎屑流冲击至坡脚导致房屋倒塌并被压埋，崩塌灾害影响面积约6个400 m跑道的田径场，崩积物5万～7万 m³。灾害发生后，党中央、国务院分别作出重要指示和批示，自然资源部、应急管理部和云南省均启动相应的应急预案，云南省各级人民政府及时组织多方力量紧张有序地开展了应急抢险救援工作。

图 2-14 云南镇雄县"1·22"特大崩塌灾害现场

2.4 崩塌易发区(带)及可能的诱发因素

崩塌多发育于山地的高陡斜坡、一些工程开挖的高陡边坡,以及江河(湖、海、库)岸坡、冰川雪山带等。易发区或易发地带通常还具备如下条件:

(1)岩性组成上,"软岩""硬岩"兼而有之;

(2)坡体坡度一般以大于45°为主(据统计,约75.4%的崩塌发生于45°坡以上,如表2-1所示);

表 2-1 崩塌易发区(带)地形坡度统计表

斜坡坡度	<45°	45°~50°	50°~60°	60°~70°	70°~80°	80°~90°	合计
崩塌(落石)次数/次	14	11	7	17	6	2	57
百分比/%	24.6	19.3	12.3	29.8	10.5	3.5	100

注:数据源于宝成铁路沿线崩塌灾害调查。

(3)坡体高度数米到数十或数百米不等;

(4)坡体前部或存在临空空间,或成孤立山嘴,或为凹形陡坡、上凸下空、上陡下缓状，或多种坡形兼而有之；

（5）坡体内部裂隙发育，尤其产生垂直或平行于斜坡方向的陡倾裂缝，并且切割坡体的裂隙、裂缝即将贯通，使之与母体形成分离之势；

（6）坡脚地面时常可见碎块石、滚石等。

这些均是崩塌孕育发生的重要条件，也是人们识别判断潜在崩塌的重要依据。

另外，可能引起崩塌的外在因素主要有地震、（强）降雨、融雪、水流冲刷、水体浸泡、风化剥离、冻融冰劈、植物根劈、干湿交替，以及采矿、坡顶加载、坡脚开挖、水库蓄泄水、堆（弃）渣填土、工程爆破和不合理的农田开垦等。下面具体介绍其中几种可能引起崩塌的外在因素的致灾过程。

水分渗入岩土体裂缝，夜间降温后水结冰体积增大，楔形裂缝随之增大，冻融交替发生使岩土体分裂破碎进而引发崩塌，即冰劈作用致灾，如图2-15所示。

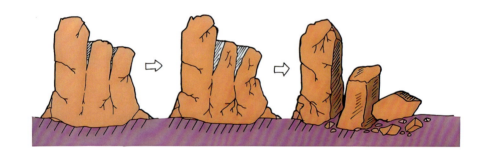

图2-15　冻胀融沉作用引发崩塌

生长在岩石裂隙中的乔木、灌木等植物，随着根系不断地长大，对裂隙两侧的岩土体产生挤压，当压力增大至迫使岩土体破碎崩解时会引发崩塌，即植物根劈作用致灾，如图2-16所示。

图2-16　植物根劈引发崩塌

岩体内部结构、构造面（层理、断层、节理与裂隙等）发育且其强度不均，致使岩体破碎、稳定性变差时，极易发生崩塌，如图 2-17 所示。

图 2-17 岩体内部结构、构造面发育引发崩塌

黄土体垂直节理、裂隙与大孔隙发育，易引发崩塌，如图 2-18 所示。

图 2-18 黄土体垂直节理、裂隙与大孔隙发育引发崩塌

第三系泥岩被多组裂隙组合切割，风化卸荷形成危岩体，加之人工开挖，极易发生崩塌，如图 2-19 所示。

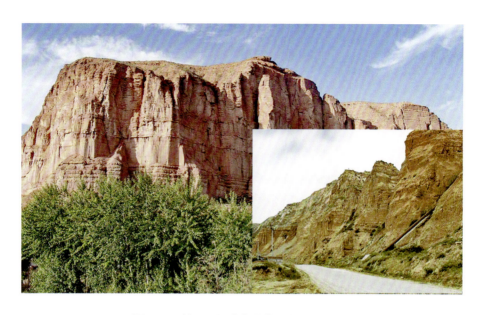

图 2-19   第三系泥岩危岩体引发崩塌

边坡岩体破碎、节理发育，加之坡脚开挖凹陷，极易形成崩塌，如图 2-20 所示。

图 2-20   边坡岩体破碎、节理发育、坡脚凹陷引发崩塌

2.5　崩塌发生的时间规律

崩塌发生的时间大致有以下规律:

(1) 降雨过程之中或稍滞后的一段时间(一般是出现崩塌最多的时段);

(2) 强烈地震或余震过程之中(图2-21);

(3) 高纬度高海拔(季节性冻融)地区每年的解冻期;

(4) 开挖坡脚过程之中或滞后的一段时间(图2-22);

(5) 水库蓄水初期及河流洪峰期;

(6) 强烈的机械及大爆破振动之后。

图2-21　强震时山体崩塌群发景象

图2-22　过度开挖坡脚后可能引发崩塌

2.6 崩塌发生前的主要征兆

崩塌发生前的主要征兆（迹象）：

（1）山坡前缘掉块、落石或流土（小崩小塌不断发生）；

（2）陡坡坡肩（根）部出现新裂痕，嗅到异常气味；

（3）不时听到岩体撕裂摩擦错碎声；

（4）坡体出现可见尘土、振动；

（5）出现热、气、地下水量、水质等的异常变化；

（6）出现动物惊恐，植物变形、枯萎等异常现象。

当发现以上现象时，群众应立即向当地政府部门或相关专业部门汇报情况，同时知会可能的受威胁人员，并采取相应的避险措施。所采取的避险措施应以确保生命安全为主，剩余事宜应等待主管部门和专家商讨解决，如图2-23所示。

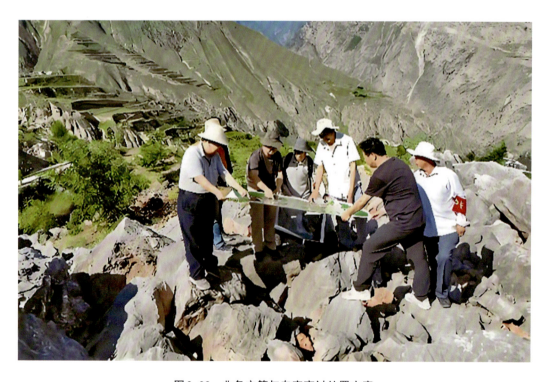

图2-23 业务主管与专家商讨处置方案

2.7 崩塌发生时的主要预防与应急措施

崩塌易造成人员伤亡、交通堵塞、房屋建筑等毁坏。遇到崩塌或有崩塌警示标志（图2-24）的路段时，行人应尽可能不逗（停）留，迅速离开；行车应听从指挥，接受疏导；居民和人员应迅速撤离，转移到安全地区。

图2-24 崩塌易发区警示

坡度大于45°的高陡坡脚和陡崖边不宜建造房屋和用作重要开发场地，如图2-25所示。房屋等设施建设、重要场地选址等应尽量选择宽敞、平坦之地，必要时还须请专业机构人员进行前期调查评估，以尽可能避开崩塌易发区。

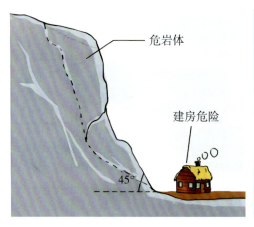

图2-25 高陡坡坡脚和坡顶存在安全隐患时不宜选址建房

对于潜在的崩塌要进行裂缝监测和雨量监测。一般情况下，应把变形显著的裂缝作为监测对象，可以在裂缝两侧设置固定标杆，在裂缝壁上安装标尺，定期观测，做好记录。同时，应在雨季及时填堵地面裂缝以防止雨水渗入，还应观测雨量，分析裂缝变化与雨量的关系，掌握崩塌的发展趋势，为防灾减灾提供基础依据。

第3章 滑　坡

3.1　滑坡的概念

　　滑坡是指因受地震、水的作用（降水入渗、水流冲刷、地下水活动）、人为活动（坡体切挖与加载、爆破、机械振动）等的影响，斜（边）坡岩土体在以重力为主的作用下，沿着一定的软弱面（带）整体或分散地向下滑移的地质过程和现象，以及由此而形成的地貌形态。在民间有不同的俗称，如"走山""垮山""地滑""土溜""山剥皮"等。图3-1为2017年发生在美国加利福尼亚州大苏尔海岸的泥溪山体滑坡。

图3-1　美国加利福尼亚州大苏尔海岸泥溪山体滑坡（USGS,2017）

滑坡从孕育到形成一般需要经历"裂""蠕""滑""稳"四个阶段，如图3-2所示。

图3-2 滑坡形成机制示意图

3.2 滑坡的主要组成要素

滑坡的组成要素主要有滑坡床、滑坡体、滑坡周界、滑动面（带）、滑坡壁、滑坡洼地、滑坡鼓丘、滑坡舌、滑坡裂缝、滑坡台阶等，如图3-3、图3-4和表3-1所示。

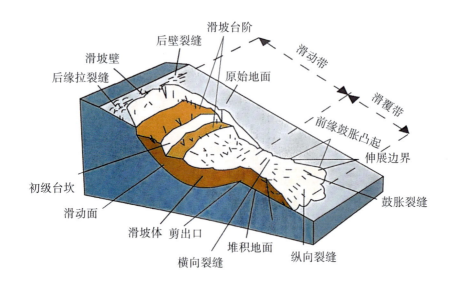

图3-3 滑坡组成要素示意图

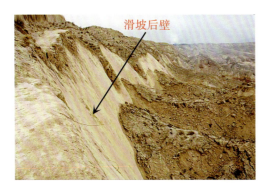

图3-4　滑坡组成要素图(部分)

表3-1　滑坡组成要素说明表

要素名称	要素概念或发生部位	要素特征或细分类
滑坡床	指滑坡体下方所依附的稳定岩土体,即在滑坡滑动时其下伏不动的"母体"部位	岩质、土质或混合质
滑坡体	指滑坡发生时的全部滑移部分,也即为滑坡发生后的主滑体与堆积体之和	整体状、解体状、分散状
滑坡周界	指滑坡体和周围未发生滑动岩土体界面的地表界线,即滑坡体和滑坡床在地表面上的分界线	簸箕形、舌形、圈椅形、椭圆形、树叶形、倒梨形和复合叠置形等
滑动面(带)	指滑坡体沿下伏不动岩土体下滑的分界面,即滑坡体与滑坡床间的分界面(带),简称滑面(带)	近似弧形、直线形、折线形和复合形等
滑坡壁	指滑坡体后缘及两侧与未滑移体脱离开后,暴露于外的形似壁状的分界面,也是岩土体受剪切破坏和滑动摩擦共同作用而成的光滑面	在未滑移体(母体)上时称为滑坡后壁、滑坡侧壁,也属主断壁;而在滑坡体上时常称为次断壁或台阶壁
滑坡洼地	指在滑坡发生滑动时,滑坡体与滑坡壁之间拉开一定间距而成的沟槽或中间低四周高的洼地。一般多出现在滑坡体的后部或侧缘带	滑坡洼地岩土体破碎、松散,具高透水性,欠稳定

续表3-1

要素名称	要素概念或发生部位	要素特征或细分类
滑坡鼓丘	指滑坡体在滑移时,其前缘区域因受阻力而形成的隆起小丘,也因此而有人称该区域为滑坡隆起带	滑坡鼓丘区岩土体较为破碎,受挤压作用而成的纵、横向裂隙密布
滑坡舌	指滑坡前缘形如舌状的,超出滑动面(带)向外伸出的滑体部分,一般简称为"滑舌",也即为滑坡剪出口前方的堆积滑体。在国外常称之为滑坡的趾部	具有压覆性、致灾性强等特点,是决定滑坡前缘灾害影响空间的关键因素
滑坡裂缝	指滑坡活动时在滑体及其周围边缘所产生的一系列裂缝。位于滑坡体上(后)部多呈弧形展布的裂缝称为拉张裂缝;位于滑坡体中部两侧,滑动体与未滑动体分界区域呈雁列式、羽毛状排列的裂缝常称为剪切裂缝或羽状裂缝;滑坡体前部因滑动受阻而呈隆起状、放射状分布的张裂缝,常称为鼓胀裂缝,也可称扇状裂缝	拉张裂缝(弧形发育)、剪切裂缝、羽状裂缝(雁列式发育)、鼓胀裂缝(横向和纵向发育)、扇状裂缝(放射状发育)等
滑坡台阶	指滑坡体在滑动时,因不同(部位、区域)岩土体滑移速度的差异性使得滑坡体表层出现台阶状分布的错落式微地貌形态	也有在多次多级滑坡过程中产生的台阶地,其规模大小、形态各异
剪出口	指滑坡滑移时滑动面(带)最下端与原地面相交而剪出的破裂口,又称滑坡出口。在国外常称之为滑坡的趾	常伸入沟口、河流或村庄、公路、农田等地

3.3 滑坡的主要类型

按滑体物质组成成分的不同,可将滑坡分为:

(1)岩质滑坡(图3-5);

(2)土质滑坡(图3-6、图3-7);

(3)混合型滑坡(图3-8)。

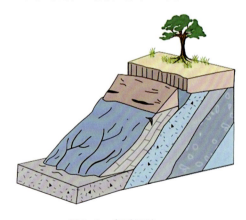

图3-5 岩质滑坡

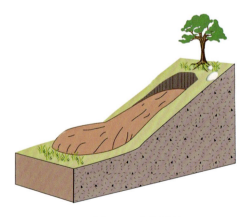

图3-6 土质滑坡

图 3-7　黄土滑坡

图 3-8　泥岩滑坡

按滑体厚度的不同，可将滑坡分为：

（1）浅层滑坡（滑体厚≤10 m），如图 3-9 和图 3-10 所示；

（2）中层滑坡（滑体厚 10～25 m）；

（3）深层滑坡（滑体厚 25～50 m）；

（4）超深层滑坡（滑体厚度＞50 m）。

图 3-9　浅层滑坡

图 3-10　山丘区浅层滑坡群发现象（俗称"猫爪脸"）

按滑体规模的大小，可将滑坡分为：

（1）小型滑坡（滑体规模≤10×10^4 m^3），如图 3-11 和图 3-12 所示；

（2）中型滑坡（滑体规模 10×10^4～100×10^4 m^3）；

（3）大型滑坡（滑体规模 100×10^4～1 000×10^4 m^3）；

（4）特大、巨型滑坡（滑体规模＞1 000×10^4 m^3）。

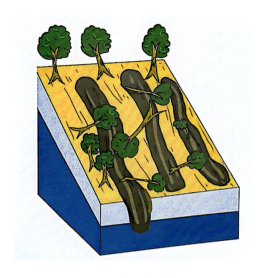

图 3-11　小型、浅层滑坡群　　　　　　图 3-12　多级滑动面滑坡群

按滑动面与岩层面间关系的不同，可将滑坡分为：

（1）顺层滑坡（图 3-13）；

（2）切（逆）层滑坡（图 3-14）。

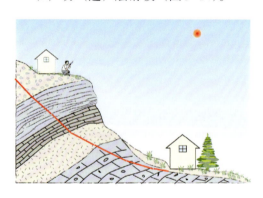

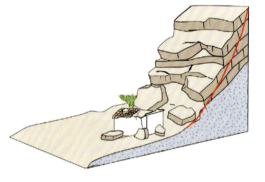

图 3-13　顺层滑坡　　　　　　　　　　图 3-14　切层滑坡

按引（诱）发因素的不同，可将滑坡分为：

（1）工程滑坡（图 3-15）；

（2）自然滑坡（图 3-16）。

按发生（形成）年代的不同，可将滑坡分为：

（1）新滑坡（刚发生不久或现今正在发生滑动）；

（2）老滑坡（全新世以来发生滑动，现今整体稳定）；

（3）古滑坡（全新世以前发生滑动，现今整体稳定，多已成为可利用的平缓土地）。

按滑动时速度的不同，可将滑坡分为：

（1）蠕滑型滑坡（肉眼难以察觉滑动状态，仅可通过仪器监测其变化）；

（2）慢速滑坡（肉眼可察觉到滑动状态，每天滑移数十厘米）；

（3）中速滑坡（每小时滑移数十厘米到数米）；

（4）高速滑坡（每秒滑移数米到数十米及以上）。

图3-15　工程滑坡

图3-16　自然滑坡

当前，随着全球气候变化和人类活动影响的复杂化、多元化，以及人们对滑坡研究的不断深入，滑坡类型相关知识体系也在不断丰富扩展。例如，还有牵引式滑坡、推移式滑坡、复活型滑坡、新生滑坡、"对滑型"滑坡（图3-17）、热融滑塌（图3-18）、震动液化型滑坡（图3-19）、泥流型滑坡、滑坡-碎屑（泥）流等的类别划分。

黄土丘陵沟壑两侧多见的"对滑型"滑坡群发现象

图3-17　"对滑型"滑坡

图3-18　热融滑塌

图3-19　震动液化型滑坡-泥流

3.4 滑坡的主要危害

破坏房屋建筑	造成人员伤亡
破坏工矿设施	危害交通运输
毁坏农田渠道	引发次生灾害

图 3-20 为滑坡主要危害典型实例。

毁坏民房（榆中，2008）

破坏工厂（天水，1990）

毁坏矿井（窑街，2005）

破坏公路（G312，2004）

压埋农田（永靖，2006）

破坏水利工程（永靖，1991）

威胁输电工程（安宁，2006）

补给泥石流（天水，1990）

堵塞河道（青川，2008）

淤积水库（刘家峡，1996）

危害城镇（雅安，2010）

破坏铁路（沪昆铁路，2010）

破坏管道（贵州，2018）

影响环境（贵州，2020）

图3-20 滑坡主要危害典型实例

图3-21为甘肃省临夏回族自治州东乡族自治县洒勒山滑坡全貌。该滑坡于1983年3月7日17时40分左右发生，滑体规模约3 100×10⁴ m³，属特大型滑坡。滑坡发生时数千万方滑动体在1 min左右的时间内向前滑移约1 000 m，使得约1.3 km²范围内的土地瞬间变成了一片"土海"。滑坡摧毁洒勒、新庄、苦顺等村庄，致使220人死亡、22人受重伤，掩埋牲畜400余头（只）、粮食7×10⁴ kg，毁坏农田1 000余亩、小型水库1座。该滑坡是我国黄土地区罕见的特大型高速远程滑坡之典型案例。

图3-21 甘肃洒勒山滑坡全貌

2007年9月17日在甘肃省兰州市城关区九州经济开发区石峡口发生的一起体积约6.2×10⁴ m³的滑坡灾害（图3-22）。滑坡体堵断了罗锅沟主洪道，影响正常的行洪与污水排放；压埋了九州大道，造成交通线路堵塞，给经济开发区的数十万居民、上百家单位的生活、生产带来了极大的不便；同时还对其前方的武警甘肃总队油库产生了威胁。滑坡灾害发生后，兰州市国土资源局、城关区政府、九州经济开发区管委会和相关技术支撑单位的领导、专家及时赶赴现场，积极开展了以消除滑坡险情、保证九州大道正常畅通和武警甘肃总队油库安全为目标的应急处置，以及后续一系列的治理与恢复工作。

之后，位于同一区域的东南侧约百米处（石峡口小区西南侧），于2009年5月16日21时05分再次发生山体滑坡（简称石峡口"5·16"滑坡，图3-23），滑坡摧毁了石峡口小区4#楼（六层）5、6单元30户的住房及小区锅炉房，与之相邻的4单元也严重受损，楼角倒塌。此次灾害共造成7人死亡、1人受伤，直接经济损失约2 060万元，滑坡体还堵塞了约60 m的罗锅沟洪道，九州大道部分设施也不同程度受损。据悉，事发前18时左右便有群众发现山坡坡面不时有掉土滚石现象，小区物业及社区人员得知消息后及时组织疏散居民，并上报相关部门。正因此次滑坡灾害发现及时、处理得当，使伤亡损失降到了最低程度，这也体现了群测群防在灾害预防中的重要性。灾害发生后，中央与地方各级政府高度重视，相关领导及时赶赴现场指导救灾，原国土资源部门也及时组织专家开展滑坡区的险情调查和灾后治理、恢复等工作。

图3-22 兰州市城关区九州石峡口滑坡（一）

图3-23 兰州市城关区九州石峡口滑坡（二）

2011年3月2日18时55分，甘肃省临夏回族自治州东乡族自治县县城发生的一起黄土滑坡灾害（图3-24）。该滑坡位于县城中心区撒尔塔文体广场西北边坡地带，滑坡区南北长约100 m，东西宽约70 m，高约50 m。坡体将撒尔塔文体广场部分掩埋，将广场主席台、护栏、照明灯柱毁坏。滑坡造成民族街坍塌、中断，部分残留街道路面出现裂缝及不均匀沉降，有进一步滑塌迹象。此次滑坡导致县城东西大街至撒尔塔文体广场，长370 m、宽100 m区域内的地面建筑物出现不同程度的倾斜、开裂、地面下陷；供水、供暖、排水设施和道路、电网受到不同程度的损毁。滑坡后壁上部危险区97户民居、130家商铺成"悬空屋"，县委、县政府等30家机关单位办公楼在一定程度上受滑坡威胁或严重影响。东乡族自治县撒尔塔广场滑坡灾害损失巨大，所幸没有人员伤亡。据初步估算，此次黄土滑坡导致县城2.7万人受灾，直接经济损失达2亿多元人民币。

灾情发生后，省、州、县各级政府高度重视，迅速部署、安排抢险救灾工作，下拨救灾资金，紧急动员撤离险区群众，调派专家开展灾情勘查、监测。滑坡危险区50~100 m范围内的1 180人进行了避险疏散，并得到妥善安置；供、排水管道系统，电力、通信系统及道路交通逐步恢复。

①滑坡全景（侧视）
②滑坡全景（正视）
③滑坡后缘临街房屋呈"悬空屋"（正视）
④民族街路面开裂、不均匀沉陷，有进一步滑塌迹象
⑤滑坡后壁
⑥滑坡后缘临街房屋呈"悬空屋"（侧视）

图3-24 临夏州东乡族自治县县城广场滑坡

2015年12月20日11时40分，深圳光明新区一渣土受纳场发生重大滑坡灾害（图3-25—图3-29）。该滑坡灾害共造成77人遇难或失联、17人受伤，33栋建筑物（厂房24栋、宿舍楼3栋、民房6栋）被掩埋或不同程度受损，90余家企业生产受影响。此次灾害共造成直接经济损失约8.81亿元，滑坡还致使西气东输支线管道断裂、爆炸。事件发生后，党中央、国务院领导高度重视，第一时间作出重要指示批示。原国土资源部也高度重视，部领导立即对救灾工作进行部署，并将地质灾害应急响应级别从四级提升至三级，由应急办主要负责同志带队的工作组连夜赶赴现场，指导地方开展防范二次灾害等应急处置工作。12月25日，国务院调查组经调查认定，此次滑坡灾害不是

简单的山体滑坡，不属于自然地质灾害，是一起生产安全事故（人为地质灾害中的"人为滑坡"）。事后，公安机关对事故相关责任人采取强制措施，检察机关也以涉嫌重大责任事故罪依法批准对相关责任人员进行逮捕，并交由法院依法问罪判处。

图3-25　遥感影像下的深圳光明新区
余泥渣土受纳场

图3-26　实拍照片下的深圳光明新区
余泥渣土受纳场

图3-27　深圳光明新区余泥渣土
受纳场滑坡灾害全景

图3-28　深圳光明新区余泥渣土
受纳场滑坡灾害救援现场（一）

图3-29　深圳光明新区余泥渣土
受纳场滑坡灾害救援现场（二）

深圳光明新区的这起滑坡灾害虽然可以看作是一起城市建设管理失误造成的偶发性事故，但其造成的社会伤痛却是全方位和多层面的。公共管理阶层、工业园主和相关社区居民面对危险隐患时集体无意识、自我管控缺乏，甚至科技人员也未认识到快速城镇化过程中的灾难风险及其防控要求，没有提醒城镇建设者理性地追求繁华与安全之间的"最佳平衡"。在社会经济发展过程中，人们应总结吸取教训，培育沉淀城市管理的防灾减灾文化，法制化理性化地建设现代城市和社区，避免以侥幸态度看待灾难的"低概率"。只有当"安全第一"成为现实生产生活的广泛共识、社会经济发展的必守法则及社会基层的自觉行为，灾难才可以大大减少。

2024年5月1日凌晨2时10分左右，广东省梅州市境内连接梅江区与大埔县的高速公路（简称"梅大高速"）K11+900 m（梅州市大埔县茶阳镇茶阳路段出口方向2 km左右）处发生滑塌灾害（图3-30），致使路面近200 m²的范围发生塌陷，损毁道路长度约17.9 m。梅大高速"5·1"滑塌事故共造成48人死亡、30人受伤、23辆汽车受损，引起了社会的广泛关注。

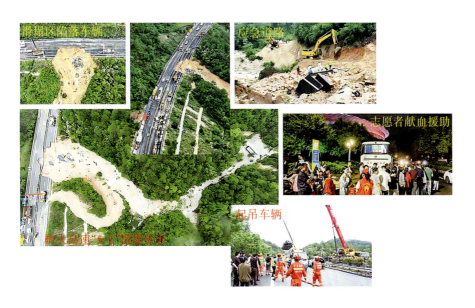

图3-30 广东梅州梅大高速滑塌灾害

3.5 滑坡易发区

总体来看，滑坡一般多发于岩土体比较破碎和松软、地形起伏变化较大、圈椅状和外凸状斜边坡、江河湖塘水库等的岸坡，或（和）植被覆盖较差、暴雨多发或异常强降雨山区、地震活跃带、冻融活动频繁区，以及人类工程建设及矿山开发活动剧烈区、长期不合理灌溉的农田和绿化区等，如图3-31—图3-36所示。

图3-31 "大肚状"外凸山体易发滑坡

图3-32 浅层土壤下伏弱透水地层易发滑坡

图3-33 圈椅状地形易发滑坡

图3-34 层状破碎岩层易发滑坡

图 3-35 灌溉区易发滑坡群

图 3-36 黄土开挖边坡易发滑坡

3.6 滑坡发生的主要诱发因素

1.降雨

大雨、暴雨和长时段的连续降雨等使地表水渗入坡体，软化了岩土体及其中可能的软弱带、节理面，降低了其黏聚力，削弱了其阻滑力，又增加了坡体自重，故极易诱发滑坡。

2.地震动效应

地震会引起坡体晃动，破坏坡体结构的完整性、平衡性，故极易引发滑坡。

3.地表水的冲刷、浸泡作用或水位的骤然变化

河流、湖泊、水库等水体不断冲刷、浸泡坡脚，削弱坡体的支撑力或软化岩土体降低其强度；或受水库水位的急剧升降变化产生动水压力等影响，均可能会促使滑坡发生。

4.不合理的人类活动

爆破、切坡加载、矿山不合理采掘及堆渣、水库蓄（泄）水、引水渠道渗漏、大水灌溉、施工机械强烈振动、乱砍滥伐等人类活动均会改变坡体的原始平衡状态，可能诱发滑坡。

5.海啸、风暴潮、冻胀融沉等作用

海啸、风暴潮、冻胀融沉等作用也可诱发滑坡。

图 3-37—图 3-40 示意滑坡发生的主要诱发因素。

图3-37　人工开挖坡脚易引发滑坡　　　　　　图3-38　露天矿坑边坡易引发滑坡

图3-39　构造节理面和裂隙发育的岩体易发生滑动

图3-40　砂岩-泥岩互层的建筑场地开挖并加载易引发滑坡

3.7 滑坡发生的时间规律

滑坡发生时间主要与诱发滑坡的各种因素，如地震、降雨、地表水作用、冻融及人类活动等息息相关。大致有如下规律：

1.同时性

有些滑坡（隐患）一旦受诱发因素作用，会立即活动。例如：遇强烈地震、大暴雨、海啸、风暴潮等；或不合理、强烈的人为活动，如切坡、爆破、顶部加载，均有可能促使滑坡突然发生，如图3-41—图3-43所示。

2.滞后性

有些滑坡发生的时间会稍晚于诱发因素的作用时间，如在短时降雨、融雪、地表水侵蚀及部分人类活动之后，坡体开始滑动，这种滞后性在降雨诱发型滑坡中表现最为明显。该类滑坡多发生在短时暴雨、大雨和长时间的连续降雨之后，滞后时间的长短与滑坡体的岩性、结构、形态及降雨量的大小等密切相关。一般而言，滑坡体越松散、节理裂隙越发育、坡体临空外凸越明显和降雨量越大，其活动滞后时间则越短；反之，时间则会长些。此外，工程开挖坡脚和（或）堆载坡体（顶）后，以及水库蓄水、泄水后发生的滑坡也具有一定的滞后性。一般来说，由人为活动诱发滑坡滞后时间的长短与其活动强度大小、坡体的初始稳定性等有关。人类活动强度越大、坡体的稳定程度越低，则滞后时间越短；反之，时间则会长些。

图3-41 强震时山体开裂松动、崩滑发生景象

图3-42 工程开挖(路堑边坡)引发滑坡

图3-43 水库岸坡上筑路切坡发生滑坡

3.8 滑坡发生前的主要征兆

滑坡发生的前兆主要有：山坡中后部出现规律性排列的张裂缝；山坡脚近前地面突然向上隆起（凸起）变形；建在山坡上的房屋地板及墙壁、道路、田埂、水渠等出现裂缝，甚至墙体出现歪斜、裂缝有不断扩展的趋势；在山坡上干涸的泉水突然复活，或既有泉水突然浑浊，水位急速下降或干涸；山体岩石内部或地下发出异常声响；动物惊恐异常，树木枯萎、歪斜，电线杆、高塔、烟囱歪斜等。另外，若有滑坡隐患（不稳定斜坡）应力应变的长期观测数据，在大滑动之前，其应力应变随时间变化的记录数据均会出现加速变化趋势（数据图线发生突变、出现拐点），这一般是显著的临滑征兆。图3-44—图3-51是滑坡发生主要征兆典型实例。

图3-44 坡顶规律性张裂缝发育

图3-45 坡顶落水洞发育

图3-46 房屋墙壁裂缝发育

图3-47 坡脚地面波状隆起变形

图3-48 坡体引水渠渗漏使土体含水量增大

图3-49　坡体池塘水位突降

图3-50　成片分布的马刀树显示斜坡表层土体长期向下缓慢滑动

图3-51　坡面上的树木像醉汉一样东倒西歪表明滑坡已经滑动并解体

3.9 滑坡发生时的主要预防与应急措施

当发现滑坡前兆与活动迹象时：

（1）应立即向属地政府及有关部门报告（及时上报险情），同时设立警戒（示）区（图3-52）、密切关注天气预报和地质灾害气象风险预警信息。

（2）应对滑坡体裂缝进行连续监测（图3-53），并在雨季注意填堵裂缝防止雨水的渗入（图3-54、图3-55），有条件时可将地表水及地下水引出滑坡区域，并对坡脚部位进行反压阻滑处理；通知可能的受威胁人员做好随时撤离危险区的准备。

（3）行人和车辆在遇到有滑坡危险警示标志的路段（区域）时，非必要不进入；若确需进入时，应迅速通过，不宜逗留。

图3-52 滑坡危险区(路)段放置警示标志及警戒线

图3-53 采用埋钉法、上漆法、贴条法等监测房屋裂缝变化

图3-54 塑料布铺盖危岩体裂缝和落水洞　　　　图3-55 塑料布铺盖滑坡后缘裂缝

当发生滑坡时：

（1）应迅速撤离危险区及可能的影响区；滑坡发生后，在有关部门解除警报（示）前，不得进入滑坡区及其房屋内查看和寻找财物。

（2）若身处滑坡体上或滑坡体前缘下方，感觉到地面震动及声响，应沉着冷静、不慌乱，尽快判断好方向，用最快速度向山坡或滑动方向两侧（垂直滑动方向）的稳定区域逃离，切勿贪恋财物。向滑坡体上方或下方（顺向或逆向于滑动方向）逃离都是很危险的行为。

（3）正好身处滑坡体中部无法及时逃离时，应用最快速度寻找坡度平缓开阔之地蹲卧，或可寻找身边最近的稳固物体（如大树等）迅速抱紧，以使身体尽量平衡，防止摔伤；但不可与房屋、围墙、电线杆等构筑物紧靠或近邻，以免发生砸碰、压埋等危险。

为了自身和他人的安全，请不要随意开挖坡脚和在不稳定斜坡上堆放土石；在日常生产、生活中应加强对山坡引水、排水的安全管控。

参与抢救被滑坡掩埋的人和物时，应从滑坡体侧面开始挖掘搜救，尽可能避免二次滑坡致灾，且应遵循先救人、后救物的顺序。

灾后临时场地安置或房屋修建、村庄安置等恢复重建工作中，妥善选择安全场地是预防滑坡灾害的首要之举（图3-56、图3-57）。一般安全场地的选择需通过专门性的地质灾害危险性评估进行确定。

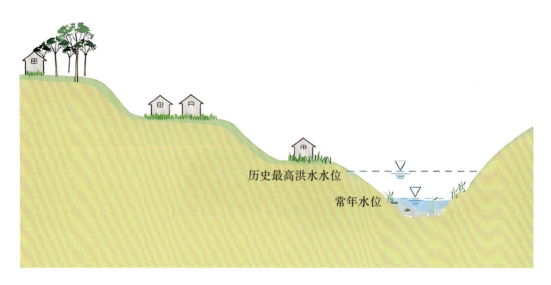

图 3-56　山区安全场地选择基本原则

有利地段优先选(√)

场地开阔平坦

稳定基岩、坚硬土、土质密实

不利地段要处理

软弱土、液化土地段

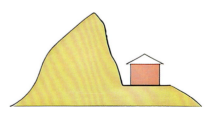

削山建房应进行护坡处理

图 3-57　一般性安全场地选择基本条件示意

第4章　泥石流

4.1　泥石流的概念及特点

泥石流，简单来说就是一种由泥沙、石块等松散固体物质和水混合而成的特殊流体（大容重、高黏稠度，不同于一般的山洪和水流），通常多发于山区或其他一些沟谷渠系中。通俗而言，泥石流是指短时间内的强大水流将山区散乱的大小石块、泥沙、枯草枝叶、废弃物等一起冲刷搬运至低洼地和山沟里，形成黏稠状的混杂流动体奔泻而下，堆（淤）积于坡脚带或沟口区的一种地质现象，见图4-1和图4-2。

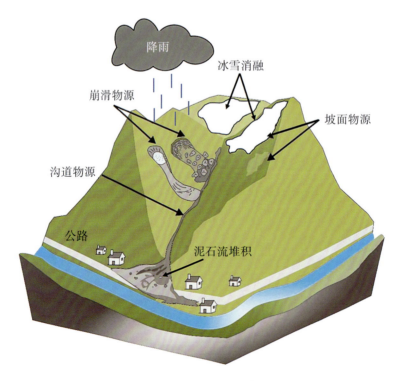

图4-1　泥石流概念示意图

图4-2　泥石流灾害(日本福冈县,2017)

关于"泥石流"这一地质现象的民间叫法，在我国各地并不一致。西北地区称为"泥流""山洪急流"，华北和东北地区常称为"龙扒""水泡""山洪""啸山"等，川滇山区则以"走龙""走蛟""出龙"等为称，西藏地区多称为"冰川暴发"，台湾和香港地区又称为"土石流"。

典型泥石流沟可从流域地形上分为形成区、流通区和堆积区三个区段（图4-3、图4-4）。若从其展开平面来看，泥石流沟的流域形状就如同一棵"大树"般，形成区（沟脑山坡及各支沟）像枝叶繁茂的"树冠"，流通区（主沟道）像"树干"，堆积区（出沟口外）像"树根"。但也有些泥石流沟流域在三大分区上往往不明显，可能会无明显流通区等。

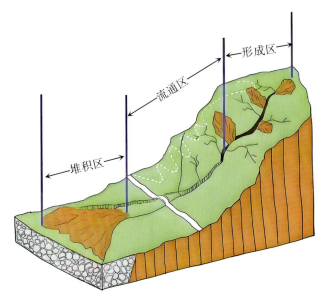

图4-3　典型泥石流沟流域分区示意图

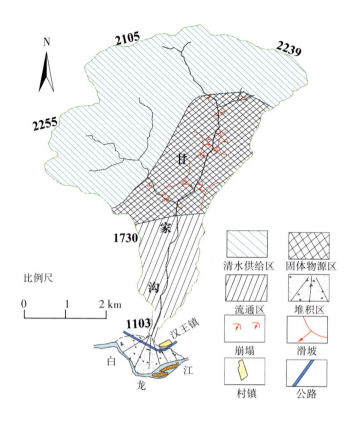

图4-4 泥石流沟流域分区平面示例(甘肃武都)

同时,泥石流还存在如下特点:

其一,在物态及力学属性方面,既具有固体的结构性,也存在液体的流动性。因而其具有暴发突然、流速快、流量大、流体中固体物质含量高和破坏力强等特点。

其二,在发育分布时空方面,既表现出一定的地域性,也具有明显的季节性、群发性、链发性等特点。一般多发育于地表破碎度高、坡度陡的山区沟谷,且多暴发于夏、秋季节。有研究表明,我国泥石流更多地发生于傍晚或夜间,具有明显的夜发性特点。这可能与我国的泥石流以暴雨型、冰川型泥石流为主相关,加上山区多夜雨且午后傍晚时冰川融雪汇水量会达日高峰等原因所致。

另外,泥石流的形成过程可以是数分钟到数小时不等。泥石流暴发时通常山谷轰鸣、地面震动,水流夹杂山石泥土的混合流体汹涌澎湃地沿山谷或坡面顺势而下,冲向山外或坡脚,往往会在顷刻间掩埋、摧毁工程设施(图4-5),甚至是沿途的村镇等(图4-6),造成巨大生命财产损失。

图4-5　山洪-泥石流毁桥毁路(四川阿坝,2019)

图4-6　山洪-泥石流淹没村镇(四川阿坝,2019)

4.2 泥石流的主要类型

按物质组成的不同，可将泥石流划分为：

（1）泥石流（图4-7）；

（2）泥流（图4-8）；

（3）水石流（图4-9）。

图4-7 泥石流

图4-8 泥流

图4-9 水石流

按触发形式的不同，可将泥石流划分为：

（1）降雨型泥石流（西北地区发育最为普遍）；

（2）冰川型泥石流（如祁连山等高海拔地区易发）；

（3）溃坝型泥石流（由库塘池等决堤而触发）；

（4）共生型泥石流（因地震、火山运动或山体滑塌等而触发）。

按形成区地貌形态的不同，可将泥石流划分为：

（1）沟谷型泥石流（图4-10）；

（2）山坡（坡面）型泥石流（图4-11）。

图4-10　沟谷型泥石流及其特征要素示意图

图4-11　坡面型泥石流及其特征要素示意图

按暴发规模的不同，可将泥石流划分为：

（1）特大（巨）型泥石流（一次最大冲出量＞$100×10^4$ m³）；

（2）大型泥石流（一次最大冲出量$10×10^4$～$100×10^4$ m³）；

（3）中型泥石流（一次最大冲出量$1×10^4$～$10×10^4$ m³）；

（4）小型泥石流（一次最大冲出量＜$1×10^4$ m³）。

按流体性质的不同，可将泥石流划分为：

（1）黏性泥石流（图4-12）；

（2）稀性泥石流（图4-13）。

不同泥石流的流态特征差异性划分，见表4-1。

表4-1　不同泥石流的流态特征差异性划分简表

流体特征	浓稠状态	弯道超高性	有无阵性流	堆积物成分	固液组成比例	运动结构性	密度/(t·m⁻³)
黏性泥石流	浓稠状	大	多有	土、细砂、少量石块等大小混杂，一般颗粒大小差异大，无分选，无空间排列，常有巨大漂砾，可保存有泥球	>2	很强，进入河沟一般不易被河水稀释或截断，易堵塞、淤埋河道	>2.0
稀性泥石流	较稀	较小	少有	粗砂、石块及其他杂物等的混合液，黏性细颗粒含量较少，有一定的分选性和空间排列性，一般不发育泥球	<1	较弱，进入河沟易被河水稀释或截断，不易堵塞河道	<1.7
过渡性泥石流	相关性状、特征介于黏性和稀性泥石流之间						

（资料来源：中国地质灾害防治与生态修复：《中国地质灾害防治指南》，地质出版社2023年版，内容有改动）

图 4-12　黏性泥石流

图 4-13　稀性泥石流

除上述按照泥石流的物质组成、触发成因、形成区地貌形态、单次冲出堆积物体积大小等主要条件因素的差异而进行的类型划分外，学术研究中针对泥石流类型的划分则显得更为全面细致（图 4-14）。如有根据泥石流的发生频率分为极高频发（每年约10 次以上）、高频发（每年 1～10 次）、中频发（数年 1 次）和低频发泥石流（数十年 1次）的，也有根据泥石流的易发程度分为高易发、中易发和低易发的，还有根据主要固体物源的贡献途径分为滑坡泥石流、崩塌泥石流、沟床侵蚀泥石流、坡面侵蚀泥石流、弃渣泥石流等的，再有根据孕育泥石流的沟谷所处的不同发育阶段而划分为发展（育）期泥石流、旺盛（活跃）期泥石流、衰退期泥石流和停歇（中止）期泥石流的，以及根据泥石流动力学特性将其分为土力类泥石流和水力类泥石流的。总之，从不同角度、不同层次对泥石流地质作用加以全面系统地认识分类，可为有效预防、治理泥石流灾害提供先行基础，也可为"人（类）-地（球）"关系和谐认知打好科学基础。

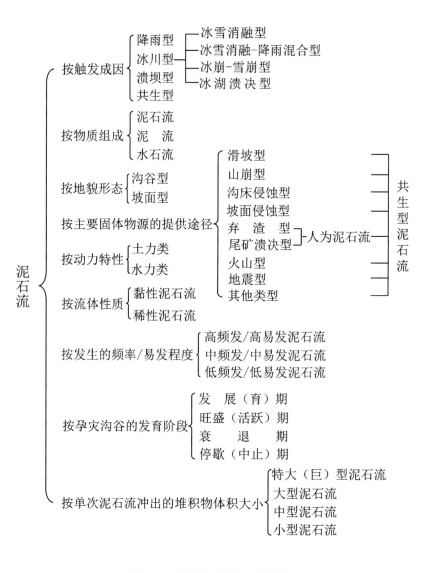

图4-14 泥石流分类体系简明图

4.3　泥石流的主要危害

破坏房屋建筑	造成人畜伤亡
掩埋城镇村舍	冲毁工矿企业
毁坏道路桥梁	淤埋农田水利
淤积沟渠库塘	引发次生灾害
改变地形地貌	影响生态环境

图4-15为小流域泥石流孕育演化致灾机制简图,图4-16—图4-19为泥石流主要危害典型实例。

较之洪水而言,泥石流除具有冲刷侵蚀、漫流改道等的危害方式外,通常还具有较强的淤埋、撞击、堵塞、磨蚀、弯道超(爬)高、挤压侵占/截断河沟道等的危害特性,因而泥石流所产生的灾害效应一般也要大于山洪灾害。

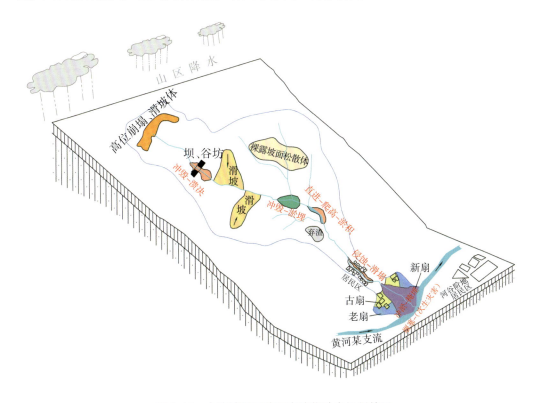

图4-15　小流域泥石流孕育演化致灾机制简图

图 4-16　被泥石流冲击损毁的楼房

图 4-17　被泥石流掩埋的道路及车辆

图 4-18　被泥石流损毁的村舍

图 4-19　泥石流影响破坏生态环境

2008年8月19日23时42分至20日凌晨1时，甘肃省甘南藏族自治州夏河县境内突降暴雨，引发山洪-泥石流，致使县城尕寺沟、颜克尔沟、曼克尔沟、门乃合沟4条洪沟及达麦乡部分地区发生严重泥石流灾害（图4-20、图4-21）。此次灾害造成4人死亡，100人受伤，粗略估算直接经济损失近2亿元。此外，灾害还造成县域内3个乡镇所属7个村（社区）3 029户11 459人受灾，其中615户3 087间房屋倒塌，并因房屋进水所致的危房有2 399户11 995间；农作物受灾面积达136 hm²。县城城区受灾情况也较为严重，主要街道被淤泥、石块等淤埋，部分街道的淤泥厚度达40～50 cm，部分商户、民房发生浸水，城区街巷铺面被泥石流灾害影响呈一片狼藉，灾后恢复重建工作任务繁重。

图4-20　山洪-泥流淹没农家庭院

图4-21　山洪-泥流冲毁房屋、路堤

　　受西太平洋2009年第8号台风"莫拉克"的影响，我国台湾岛南部的高雄县甲仙乡小林村于8月9日遭遇百年罕见的特大泥石流袭击（图4-22），全村200多户村民中有169户398人被掩埋。泥石流经过之后，昔日林木丛生、绿荫成片、楼房密布的现代繁华村镇被夷为平地，整个村镇到处都是碎石、砖瓦块、淤泥及尸首，灾害现场惨不忍睹。灾害发生后，大陆民众心系台湾同胞，社会各界纷纷伸出援助之手，踊跃捐款捐物，援助救灾和重建。

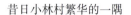

昔日小林村繁华的一隅

灾后满目疮痍小林村之景象

图4-22　泥石流灾害发生前后的台湾小林村

　　2010年8月7日晚间，甘肃省甘南藏族自治州舟曲县受局地特大暴雨影响，23点40分左右位于县城后山（北部）的三眼峪、罗家峪沟道突发大规模泥石流倾泻而下，泥石流冲出山口后，分别沿两条沟床冲进月圆村、北关村、北街村、东街村、南门村、椿场村、罗家村、瓦厂村等居民区，三眼峪沟口至白龙江左岸约2 km的阶地范围瞬间被夷为平地。截至9月4日，舟曲特大泥石流灾害共造成1 478人遇难，287人失踪；泥石流冲毁房屋5 500余间，堰塞湖回水浸泡受损房屋近3万间；泥石流还掩埋、冲毁耕地1 400余亩。泥石流穿越并冲毁县城东（白龙江舟曲县城段下游）的街道，毁坏街巷公路数条、桥梁数座，在白龙江内形成长约550 m、宽约70 m的堰塞坝，堰塞坝堵塞白龙江水并形成长约3 km的堰塞湖，堰塞湖淹没上游县城近一半的城区，使得电力、通信、供水、排水等生命线工程中断。这次泥石流灾害造成了重大的人员伤亡和财产损失，是新中国成立以来国内最为严重的一次泥石流灾害事件，灾害相关照片见图4-23—图4-27。

灾害发生后，党中央、国务院高度重视，时任国务院总理温家宝同志于8日第一时间赶赴灾区视察并指导救灾、慰问受灾群众等。国内众多行政机关、企事业单位及个人，国际友人等纷纷伸出援助之手，捐资捐物；人民子弟兵、相关专业技术人员前赴后继奔赴现场加入抢险救灾和灾后重建工作。这些均充分体现出中国共产党领导下的全国各族人民，不分行业工种、民族性别，在面临大灾大难之时均能自觉快速反应、积极响应、众志成城抢险救灾，与灾区人民一道共渡难关、共建新家园。

图4-23　特大泥石流灾害后的三眼峪、罗家峪及舟曲部分县城

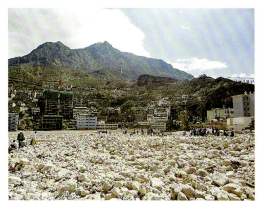 

图4-24　县城居民区被夷为平地　　　　**图4-25　被淹的舟曲县城**

图4-26　废墟中救生现场

图4-27　堰塞湖清淤现场

　　2012年5月10日17时许，甘肃省定西市岷县发生大范围特大冰雹强降雨（麻子川自动监测点数据显示降水量为69.2 mm），短历时、强降水天气使得县区18个乡镇不同程度遭受雹洪-泥石流灾害袭击（图4-28—图4-33）。本次灾害致使近50人遇难、10人失踪、35.8万人受灾，约1.9万间房屋倒塌，近2 300 hm²耕地毁坏、8 000 hm²农作物受损，国道212线、省道306线等多处交通线路中断，直接经济损失达70亿元人民币。

　　灾害发生后，党中央、国务院和甘肃省委、省政府及定西市委、市政府，以及岷县县委、县政府均高度重视，国家有关部委和省直、市直各部门组织抢险救灾队伍，深入灾区一线，指挥、指导、协助开展抢险救灾与灾后恢复重建工作。截至5月24日，各级政府划拨到账救灾资金2.43亿元，外加社会力量捐助共计3.22亿元。本次灾害中紧急转移群众13.54万人，设立集中安置点50余处，安置灾民2 900余人；通过投靠亲友安置受灾人员2.55万人，发放帐篷1 664顶、棉衣被13 864件，受灾群众基本生活得到了有效保障。同时，岷县县委、县政府及时部署灾后重建工作，提出"就地重建为主，插花安置为辅，转移安置为补充；交通先行，国土选址，水利治理，住建规划，乡镇组织，统一户型，群众自建，政府帮建"的总体重建方针，以指导和保障灾区科学有序、快速恢复生产、生活秩序。

图4-28　雹洪-泥石流发生时的山川景象

图4-29　雹洪-泥石流淹没村巷街道

图4-30　泥石流淤埋街道

图4-31　泥石流毁坏房屋

图4-32　雹洪-泥石流后房屋墙面泥痕

图4-33　泥石流淤院毁房

2023年6月27日凌晨,四川省阿坝藏族羌族自治州汶川县的绵虒(sī)、威州、灞州3个镇的局部地区发生大暴雨,其中绵虒镇板子沟、威州镇新桥沟发生了历史罕见的山洪-泥石流灾害(图4-34—图4-37),灾害共造成4人遇难、3人失联。灾害发生后,阿坝藏族羌族自治州、汶川县立即启动应急预案,成立"6·27"汶川山洪-泥石流灾害抢险指挥部,调集组织相关部门500余人立即开展应急抢险搜救和生产恢复工作。对过境的G213和G317公路进行有序管控,重点对威州镇、绵虒镇开展全覆盖式的失联人员搜救工作。同时,在全县设置医疗救治点2个,成立医疗救援队1支,出动救护车1台,组织专家7人、专业地勘员17人、村组地质灾害监测员12人,针对板子沟、新桥沟、茶园沟等开展灾害应急排查与评估。组织3台抢险机具从板子沟内部向外抢通道路,先后共转移并妥善安置受威胁群众上千人。

图4-34　板子沟泥石流灾害现场

图4-35　受损的板房和车辆

图4-36　淤积抬高的河床

图4-37　灾后抢修恢复通行的公路

4.4　泥石流的主要诱发因素

一般来说，泥石流的形成（图4-38）需要同时具备三个条件：

1.有较陡峻且便于集水、集物的地形地貌（简称"能量条件"）

通常山高沟深，沟谷上游三面环山、一面出口；坡体陡峻，在平面形态上呈漏斗状或瓢状；中游山谷狭窄，下游沟口地势开阔；沟谷上、下游高差大，沟床比降大的沟谷地貌是泥石流最为有利的发育形成区。

2.丰富的松散固体物质（简称"物质条件"）

沟谷山坡岩体破碎、松散，崩塌、滑坡等不良地质体发育，沟床岸坡疏松土层厚度大，人为活动频繁、弃渣随意堆积等情况均能为泥石流的形成提供丰富物源。

3.短时间内有大量水流（简称"激发条件"）

暴雨洪水、冰雪融水、水库塘坝泄洪或溃决水等均可为泥石流形成提供必要的水源。水既是泥石流的重要物质组成，也是泥石流发生的激发条件、搬运介质与动力来源。

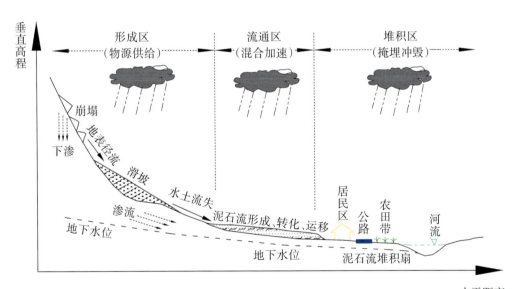

图4-38　泥石流形成机制简图

　　总之，区域地质构造复杂，断裂、褶皱发育，新构造活动强烈、地震多发；山区地表岩石破碎，滑坡、崩塌作用明显，植被生长不良；山高沟深、沟道堵塞严重、纵坡比降大；人类乱砍滥伐乱开挖、尾矿及弃土弃渣等任意排放；大暴雨（强降雨）或长时段降水汇集下泄、冰雪融化、水库塘坝溃决等情况都极易诱发泥石流，如图4-39—图4-42所示。

图4-39　易发泥石流的沟谷形态

图4-40　松散物质丰富的沟床

图4-41　陡峻峡谷易发泥石流

图4-42　裸露山坡、工程扰动强烈区易发泥石流

4.5　泥石流孕育发生的主要规律

我国是一个泥石流多发的国家，泥石流的孕育发生受地形地貌、降雨及冰雪、地质构造、松散地层、植被覆盖、人类活动等诸多因素的影响，但其分布规律主要受控于地形条件，发生时间主要受控于降水条件，尤其是暴雨。

泥石流在我国的分布主要集中在两大带上：一是青藏高原与次一级的高原或盆地、次一级高原（山区）与盆地（山前平原）之间的接触带；二是前述高原、盆地与东部的低山丘陵或平原的过渡带。如青海、甘肃、陕西、四川、重庆、湖南、北京、辽宁、西藏、贵州、云南、新疆等地区都易发生泥石流（图4-43），只是在发生频率、触发机制方面有所差别。据统计，自新中国成立以来已发生泥石流并造成灾害的省（区、市）有20多个，粗估灾害性泥石流沟的数量有1万余条。泥石流是我国西部及其过渡地区除干旱灾害以外最为严重的自然灾害之一。

另外，泥石流的分布规律除主要受控于地形地貌外，还与大气降水、冰雪融化等触发因素相关。如高频发泥石流主要分布于干湿季较明显、气候较暖湿、局部暴雨强大、冰雪融化快的地区，如云南、四川、甘肃、西藏、新疆等地；低频发泥石流主要分布于东北和东南地区。

我国泥石流的发生具有明显的季节性和周期性规律（图4-44）。西南地区的泥石流通常发生在6—9月份，而西北地区则通常多发在7—8月份。据对相关资料的不完全统计，我国泥石流5—9月份的发生次数约占全年发生总数的97%，7、8两个月的发生次数占比最高，达60%以上。泥石流的发生和发展与暴雨洪水的活动周期大体一致，且当暴雨洪水和地震的活动周期相互叠加时，便会出现泥石流活动周期的高峰段。如1966年是云南省东川地区的强震年，地震加剧了东川地区泥石流的发生，仅东川铁路沿线在1970—1981年便发生过250余次泥石流灾害；又如1981年，东川达德线泥石流，成昆铁路利子依达泥石流（中国铁路史上最严重的泥石流灾害事故，列车坠桥导致270余人死亡或失踪），宝成铁路、宝天铁路泥石流等，多是在周期性暴雨天气情况下发生的。

暴雨型泥石流的发生，一般是在一次降雨的高峰期，或是在连续降雨稍后时刻。

泥石流发生数量/起

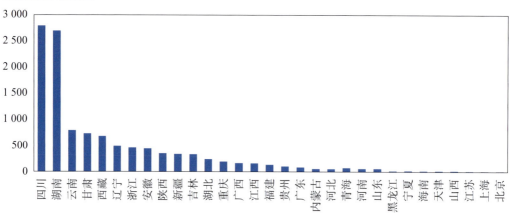

图4-43　各省(区、市)泥石流发生数量统计图(2005—2015年)

泥石流发生数量/起

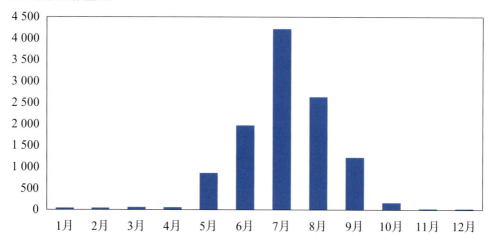

图4-44　我国泥石流发生数量的逐月统计图(2005—2015年)

4.6　泥石流发生前的主要征兆

泥石流发生前的常见征兆：

（1）山区暴雨或连续长时间降雨。

（2）河流水体突然变浑浊或中下游溪水变得浑浊；河流正常水量突然变小；河流突然断流，或水势突然增大并夹有较多柴草、树枝。

（3）山区沟谷、沟床、岸坡有严重的坍塌、堵塞现象，或沟谷深处变得昏暗并伴有巨大的轰鸣声或轻微的震动感。

（4）湖塘库坝溃决。

总体上，泥石流的临灾特征及现象如下：

1.降雨特征

我国西北干旱、半干旱气候区，若每小时降雨强度达 25 mm 左右，每 10 min 降雨强度达 10 mm 左右，每 30 min 降雨强度达 20 mm 左右时，或连续降雨（连阴雨）天气（即"成泥雨强"或"成灾雨强"），或病险水库塘坝溃决时均可能达到触发泥石流形成的水源条件。

2.河水特征

如果河床沟谷中正常流水突然断流，或洪水突然增大并夹杂大量柴草、树枝等固体物时（图4-45、图4-46），表明河沟上游已形成泥石流，且其很快会奔涌而下。

图4-45　河流突现大量树枝杂物　　　　图4-46　河流突然断流或流量增大

3.异常声响

如在山区听到沙沙声音却找不到声源时，很有可能是上游沙石松动、混杂流体流动之声，这是泥石流即将发生的征兆。同样，若山沟深处发出轰鸣声音或有轻微的震动感时，表明泥石流正在上游沟谷形成，必须尽快撤离危险地段。

4.动物异常

具有远距离传播性能的次声波一般不在人的听觉范围内，但却在一些动物的听觉范围内。泥石流发生时通常会产生一系列次声波，若在山区雨季发现动物警觉和行为异常的情况，如狗、猪、牛、羊、鸡惊恐不安和老鼠乱窜等，应高度警惕，谨防泥石流的发生，并提前做好应急避险和逃生的准备。

5.其他特征

若干旱很久的土地突然积水，道路出现龟裂，树木、篱笆、电线杆等突然倾斜，降雨不断或雨后溪水水位突然急剧下降等，都有可能是泥石流发生前的信号，应加强预防。

4.7　泥石流发生时的主要预防与应急措施

在山区遇到泥石流发生时的主要应急策略：

（1）每天及时收听天气预报，预知暴洪和泥石流险情；

（2）泥石流来临时，不要躲在巨石和大量堆积物的背侧或下方；

（3）千万不要爬上河谷沟床中的大树躲避泥石流；

（4）不可停留在陡坡土层较厚的低洼处或大石块后面躲避泥石流；

（5）要立刻沿着与泥石流流向垂直的两边山坡方向往上爬（跑），且爬得越高、跑得越快越好；

（6）应立即向当地政府及业务主管部门报告，并向周围发出预警，知会附近人员。

我国绝大多数（暴雨型）泥石流主要发生于每年的5—9月。在此期间外出，一定要及时掌握当地的天气预报和地质灾害气象预报，有暴雨时最好不要进入山谷（图4-47），大雨过后也最好

图4-47　山区雨季要格外警惕泥石流

不要急于进入山谷。汛期要有专人值班，观察雨情，记录雨量，一旦降雨达到成泥成灾的临界值或发现泥石流险情时，当地应迅速启动应急预案，组织危险区群众向安全区撤离（图4-48、图4-49）。

图4-48　及时搬迁避让

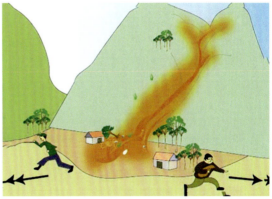

图4-49　迅速撤离逃生

那么，我们在日常生产生活中应如何科学有效地预防泥石流危害呢？

其一，房屋及重要设施的场所不要建在沟口、沟道上。受自然条件限制，山地区的一些村社建在了山麓扇形地上，山麓扇形地多为历史洪水-泥石流活动的沉积产物，若从地质历史角度看，山区的绝大多数沟谷今后亦有发生洪水-泥石流的可能。因此，在村镇规划建设过程中，房屋不能占据泄水沟道，也不宜离沟岸过近（图4-50、图4-51）；已经占据沟道的房屋应尽早迁移至安全地带，并应在沟道两侧修筑防护堤和营造防护林等，以避免或减轻因山洪-泥石流溢出沟槽而对两岸人员、构筑设施等的可能危害。

图4-50　乡村房屋建在沟口,易被泥石流掩埋冲毁

图4-51 严禁村社、房屋等挤占沟道，
　　　　影响泄洪和导流

图4-52 禁止在沟道内随意弃土(渣)、
　　　　倾倒垃圾

其二，不能把冲沟当作垃圾堆填场，在沟道岸坡随意弃土、弃渣、堆放垃圾等会给泥石流的发生提供固体物源，这很大可能会诱发或加剧泥石流的发生（图4-52）。当弃土、弃渣的量很大时，可能会在沟谷中形成堆积坝，一旦堆积坝溃决必将引发泥石流。因此，在雨季到来之前，最好能主动清除沟道中的障碍物，保证沟道有充裕的泄洪空间和排导能力。

其三，雨季不要在沟谷中长时间停留。下雨天在沟谷中耕作、放牧时，不要在沟谷中长时间停留，一旦听到上游传来异常声响，应迅速朝两岸的上山坡向逃离（图4-53、图4-54）。雨季穿越沟谷时，要先仔细观察，确认安全后再快速通过。另外，山区降雨普遍具有局地性特点，沟谷下游是晴天，沟谷的上游不一定也是晴天，"一山分四季，十里不同天"就是群众对山区气候变化无常的生动描述。因此，即使在雨季的晴天，也要提防泥石流灾害。当地主管部门的预警预报可以为有效防范泥石流灾害提供重要信息，山区广大群众应养成每天关注天气预报和地质灾害预警预报的良好习惯。

图4-53 山区雨季尽可能不在沟谷中逗留，
　　　　应快速通过或撤离

图4-54 发生泥石流时,应与其流向垂直,
　　　　向两侧的上山坡向逃跑

图4-55　村社房屋周围植树造林、改善生态环境

其四，需长期保护与改善区域生态环境，泥石流的活动与生态环境有着密切关系。一般来说，生态环境好的区域，泥石流发生的频率低、影响范围小；生态环境差的区域，泥石流发生频率高、危害范围大。提高小流域植被覆盖率，在村庄附近营造一定规模的防护林，不仅可以抑制泥石流形成、降低泥石流发生频率，而且可以在泥石流发生时，增加一道保护生命财产安全的绿色屏障（图4-55、图4-56）。

图4-56　改善与保护生态环境可降低泥石流等地质灾害的发生

其五，泥石流的预测预报工作也尤为重要，是科学预防和减轻泥石流灾害的重要手段，应加强研究及转化应用，提高防灾减灾成效。预测预报工作的主要内容如下：

（1）加强对典型泥石流沟的定点观测研究和复杂物源启动机理的模拟研究等，以解决泥石流的形成与运动参数问题。如加强对昆明市东川区小江流域蒋家沟、大桥沟等泥石流的观测试验研究，对四川省汉源县沙河泥石流的观测研究，以及相关科研机构的一系列大型物理模拟实验平台建设等。

（2）加强水文、气象的预报工作，特别是对局部的小范围暴雨或持续降雨的预报。降雨是形成泥石流的主要激发因素，如某地的日降雨量、小时降雨量、半小时或十分钟降雨量超过某阈值时，或月降雨量、周降雨量等前期降雨量在某范围时，就应发出泥石流的警报。一般在有前期降雨量的影响下，后续发生泥石流的单次临界降雨量值也会大大减小，故应引起足够注意并加以科学研判。

（3）以县（市、区）为单位组织开展潜在泥石流沟特征参数和防治措施的调查与信息数据库等的建设，特别是对一些大型泥石流沟的流域要素、形成条件、灾害情况及整治措施等资料应逐个详细记录，以解决信息接收、传递和分析共享等问题。

（4）划分易发区的泥石流单元危险区、潜在危险区或进行泥石流灾害敏感度的分区等，持续开展流域泥石流监测、预警、警报等先进技术手段的综合研究（图4-57）。

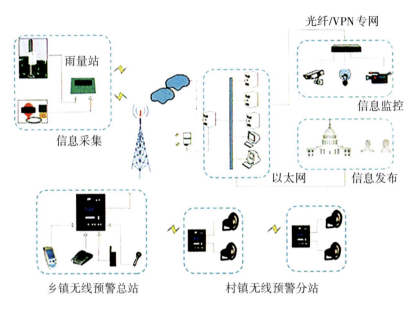

图4-57 泥石流专业监测及预警预报体系示意图

4.8 崩、滑、流的主要区别与联系

崩塌、滑坡、泥石流是我国最为常见、危害严重的三种地质灾害类型。它们在概念界定、运动特征、危害性等方面既有一定的差异（图4-58），也有着十分密切的内在联系（图4-59）。在自然界经常相伴而生、相互影响及促发，共同构成了复杂的山地灾害过程及现象。全面了解崩塌、滑坡和泥石流之间的区别与联系，将有助于更好地理解和预防地质灾害。

在一定条件下，崩塌、滑坡、泥石流三者之间可能会相互转化，诱发不同的链式地质灾害。如在降雨、地震、不合理的人为活动条件下，山区可能会发生崩塌-滑坡、崩塌-泥石流、滑坡-泥石流等复杂的链式灾害，这使得灾害变得更为严重，相应的防治要求也会更高。

崩　塌
- 母体山坡坡度多＞50°
- 石（土）块崩落、滚动，速度快
- 重力作用，竖直分量运动为主
- 岩体、土体等固体物质
- 危害范围小或较小

滑　坡
- 总体上母体山坡坡度＜50°
- 沿坡面整体下滑，速度缓慢
- 重力作用，水平分量运动为主
- 岩体、土体等固态物质
- 危害范围较大

泥石流
- 孕育于山谷或流域坡面，坡度越陡越易发，破坏力强
- 非滚落亦非沿坡面下滑，速度有快有慢（小流域快，大流域慢，和降雨同频）
- 水动力和重力共同作用，流程远，有流动痕迹（泥痕）等
- 特殊洪流（半固半液，混合流体）
- 危害范围大、波及面广

山洪较之泥石流
- 泥沙混合比例不同，泥石流中大小石块、泥沙和其他杂物含量大
- 同一地区的山洪发生频率和重复发生率远高于泥石流
- 泥石流更具破坏力，被冲撞和淤埋的人畜难以自救，生还率小
- 避险逃生办法不尽相同（均可向两侧山体高处逃跑避险，但山洪可以就近爬树或建筑物以应急，泥石流因摧毁性太强而不可取等）

图4-58　崩塌、滑坡和泥石流（山洪）的主要差异性

图4-59　崩塌、滑坡和泥石流的主要联系性

4.9 地震次生地质灾害之崩、滑、流

地震会在短时间内造成巨大的地壳位移和地表破坏，诱发和加剧大量的崩塌、滑坡和泥石流等次生地质灾害（图4-60）。相关统计资料表明，地震烈度在V度以下时一般不会诱发崩塌、滑坡，在VI～VII度时会诱发少量崩塌、滑坡，在VIII度以上时常会诱发大量规模性的崩塌、滑坡和泥石流灾害，震级和烈度越高，次生地质灾害越严重。

图4-60 地震次生地质灾害链示意图

如2008年5月12日，我国四川省境内发生了"强度大、震源浅、破坏力强、波及面广"的"5·12"汶川地震。此次地震造成的伤亡人数达数十万，直接经济损失约万亿元，与之毗邻的甘肃省陇南市也是地震重灾区（图4-61、图4-62），其灾情仅次于四川省，区内产生了众多滑坡、崩塌、泥石流等次生地质灾害。汶川地震中产生了大量的泥石流物源，再加之震后泥石流暴发的临界降雨量会大为降低，使得区内泥石流的启动和运动方式发生明显改变，预估在震后的十余年中，泥石流将成为灾区最为严重的地质灾害隐患。

图4-61　"5·12"汶川地震发生瞬间武都区
山体崩裂之景象

图4-62　"5·12"汶川地震诱发路堑边坡
大规模滑塌

再如2013年7月22日，甘肃岷县与漳县交界处发生6.6级地震，造成89人死亡、868人受伤、5人失踪。此次地震引发的滑坡、泥石流等次生地质灾害共造成12人死亡、2人失踪、4人受伤（图4-63、图4-64）。

图4-63　"7·22"岷县地震引发滑坡砸毁民房

图4-64　"7·22"岷县地震引发大量山体滑坡
（永光村滑坡）

又如2023年12月18日23时59分，甘肃省临夏回族自治州积石山县发生6.2级地震，共造成151人遇难、979人受伤。同时，此次地震也造成大量房屋和道桥损毁、部分电力通信中断，引发滑坡、泥石流等一系列次生地质灾害。受此次地震灾害影响，位于青海省民和县中川乡的草滩村、金田村发生了一起地震液化型滑坡-泥流灾害（图4-65—图4-68），灾害影响区域总面积约$5.1×10^5$ m²，灾害造成北部滑源区（也是此次泥流灾害的物源形成区）的农田、树木，北干渠暗渠、渡槽，电力铁塔线路、道路等不同程度受损；中上部窄深过渡区沟底冲蚀、沟岸侧蚀；中部流通区沟底冲蚀、沟岸堆积、冲顶堆积；南部堆积区房屋、道路被掩埋冲毁，动力渠、农田被淤积、掩埋破坏等。此外，此次地震液化型滑坡-泥石流灾害共造成20人死亡。

图4-65　泥流淤埋的村庄景象

图4-66　泥流毁坏房屋建筑

图4-67　公路清淤后的泥流掩埋痕迹

图4-68　泥流毁林埋亭

4.10 场地选择时预防崩、滑、流的主要措施

新规划的村镇、厂矿企业、建设工程等的场地选择，应事先进行地质灾害危险性评估，根据评估结论和建议进行科学规划、安全建设（图4-69）。

（a）兰州北山土地开发区　　　　　（b）地灾危险性评估国家标准

图4-69　地质灾害危险性评估是预防地质灾害的关键举措

水的作用通常是触发滑坡、泥石流、崩塌的重要因素。因此，乡村群众新建房屋的场地若位于河道、沟口边缘时，必须详细了解该区域的降水及地表汇流情况，注意了解历史洪水位或泥位迹印，将房屋庭院置于较高位置。当房屋后部紧邻陡坡时，应细心查看产生坡面泥石流和滑坡、崩塌的可能性（图4-70—图4-73）。另外，禁止将房屋建设中产生的废弃物等随意倾倒在山坡及沟谷内，应设置专门的场所放置弃土弃渣，以防止引发或加剧泥石流的发生。

图4-70 房屋距山坡脚太近易受不稳定斜坡威胁　　图4-71 建房切坡开挖后,高陡边坡易发生滑塌

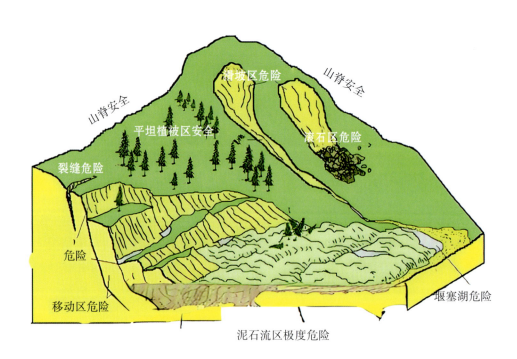

图4-72 山区崩、滑、流相对"安全/危险"区域的大致分布图

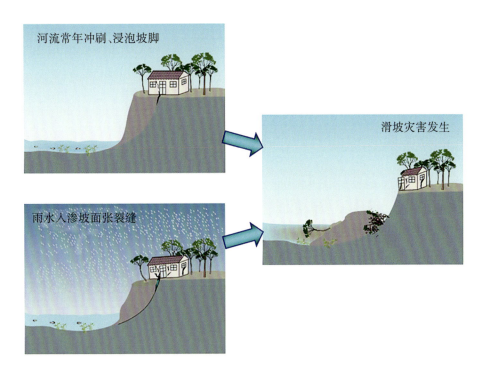

图4-73　冲刷浸泡+雨水入渗易引发滑坡

　　当遭遇洪水-泥石流险情时，一般要选择平整的高地作为避难营地。不宜选择大规模的采矿弃渣、工程建筑弃土堆放场地，也不宜选择弃渣、弃土随意堆放的沟谷。不要在沟谷内低平处搭建宿营棚（图4-74），同时尽可能避开有滚石和大量堆积物的山坡，夜间密切关注雨情，如遇异常发生，应尽快转移到安全地带。

图4-74　平整宽敞、远离山坡的高地是躲避崩、滑、流的最佳场地

第5章　地面塌陷

5.1　地面塌陷的概念

地面塌陷是指地表的岩体、土体因受自然或人为，或在二者共同作用下，向下陷落并在地面形成塌陷坑（洞）的一种动力地质过程与现象，如图5-1所示。

图5-1　地面塌陷

地面塌陷可能会发生在松散土层中，如黄土、冻土覆盖区等；亦有可能发生于基岩中，如碳酸盐岩、钙质碎屑岩地区；还有可能发生在岩、土混合型地层内。地面塌陷的发生多具有突发性、隐蔽性和高危害性。地面塌陷的形状多近似大小不一的环状，直径数米至数十米，个别可达百米以上；其下陷深度也不一，可达几厘米、数十厘米或数十米，甚至百米以上。能够引起地面塌陷的动力因素主要有地震、降雨、地下开挖（如修建地下洞室、隧道等）、采空（采煤、开矿等）和大量抽取地下水等。

5.2 地面塌陷的形态特征

地面塌陷的形态可分为平面形态和竖向形态,其在形状特征方面存在一定差异。

(1)平面形态方面,常有圆形、椭圆形、长条形及不规则形等(图5-2—图5-5)。平面开口形态主要与下伏地层可能的洞隙、暗穴、挖空区的形状及其上覆岩土体工程性质在平面上的分布均一性等有关。

图5-2 圆形塌陷

图5-3 椭圆形塌陷

图5-4 长条形塌陷

图5-5 不规则形塌陷

(2)竖向形态方面,常有井状、坛状、漏斗状、碟状及不规则状等(图5-6—图5-11)。竖向开口形态可能主要与塌陷区的岩土性质有关:黏性土层塌陷多呈坛状或井状,砂土层塌陷多呈漏斗状,松散土层塌陷常呈碟状,基岩塌陷常呈不规则状等。

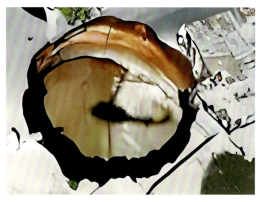

图5-6　井状塌陷

图5-7　坛状塌陷

图5-8　漏斗状塌陷

图5-9　碟状塌陷

图5-10　不规则状塌陷

图5-11　暗穴互通式塌陷

5.3 地面塌陷的主要类型

地面塌陷常以其形成原因的不同和发育地质条件的差异进行分类，其种类较多。

根据形成原因的不同，可将地面塌陷分为：

（1）自然塌陷；

（2）人为塌陷；

（3）综合作用塌陷。

一般而言，自然塌陷是指地表岩土体受自然因素作用，如地震动、雨水入渗、自重压力、自重固结、地下潜蚀掏空等，引起地面向下陷落，形成地表塌陷区的过程和现象；人为塌陷则是指由人为作用导致地表岩土体陷落下沉，可进一步细分为采矿塌陷、抽水塌陷、蓄水塌陷、渗水塌陷、震动塌陷、荷载塌陷、地下工程塌陷等；综合作用塌陷的成因更为复杂，严格意义上讲也属于人为塌陷，主要指在一些具有天然湿陷（暗穴）、溶陷（溶洞）、融沉特性的地层中，因人类工程活动影响而加剧地表岩土体沉陷、坍塌的过程和现象。

根据塌陷区地质环境条件的不同，可将地面塌陷分为：

（1）岩溶塌陷；

（2）非岩溶塌陷。

岩溶塌陷是指地下可溶岩层中的溶洞（又称"喀斯特"地貌，地层多以碳酸盐岩为主，如以碳酸钙为主要成分的石灰岩等），因自身洞体的溶蚀扩大或在自然、人为因素影响下，顶部失稳产生塌落或沉陷的情况，如图 5-12—图 5-15 所示；非岩溶塌陷则可以进一步划分为采（挖）空塌陷、黄土湿陷、冻融塌陷、火山熔岩塌陷等类型，如图 5-16—图 5-21 所示。

上述各类塌陷中，以发生在碳酸盐岩发育区的岩溶塌陷、矿区的采空塌陷和湿陷性黄土区的黄土湿陷最为常见，它们对人们生产、生活的影响也最为普遍和严重。

图5-12　湖北岩溶地面塌陷深坑

图5-13　贵州岩溶地下塌陷空洞

图5-14　岩溶塌陷形成的地下洞室（奇石景观）

图5-15　岩溶塌陷形成的天然坑洞（天坑景观）

图5-16　人为和自然共同作用下
湿陷性黄土区不均匀沉陷带

图5-17　黄土覆盖区湿陷性地面塌陷

图 5-18　煤矿采空区地面塌陷

图 5-19　城市地下工程区地面塌陷

图 5-20　冻融塌陷(热融滑塌)

图 5-21　火山岩溶塌陷

5.4　地面塌陷的主要危害

破坏房屋建筑	损坏市政工程
危害道路交通	破坏水利设施
威胁矿山安全	损毁农田土地
影响生态环境	引发次生灾害

图5-22—图5-33为地面塌陷主要危害典型实例。

图5-22　采空塌陷影响矿区安全生产

图5-23　地面塌陷威胁村落及环境绿化工程

图5-24　地面塌陷破坏公路

图5-25　矿区采空塌陷导致厂房失稳、墙壁开裂

图 5-26　地面塌陷威胁房屋建筑及村巷街道

图 5-27　地面塌陷导致房屋地板下陷、松动破裂

图 5-28　地面塌陷毁坏农田、破坏土地资源、威胁周边塘坝稳定性

图5-29 内蒙古呼伦贝尔草原地下煤矿采空区形成的人造"天坑"奇观（面积大小不一的群发型矿坑）

图5–30　地面塌陷引发水患、迫使厂区被废弃

图5–31　地面塌陷导致村落被废弃

图5–32　矿山采空塌陷引起山体滑坡

图5–33　矿山地面塌陷破坏生态环境

　　2003年5月31日，山东省泰安市省庄镇东羊娄村发生地面塌陷灾害（图5–34、图5–35），所幸塌陷未造成人员伤亡，仅对长势旺盛的麦田有所破坏，形成了东西长35 m、南北宽27 m的塌陷坑洞。塌陷发生时伴随有轰隆隆的作响声，外围1 km内的村镇均能清晰听到。

图5–34　农田地局部塌陷

图5–35　地面塌陷坑洞

2008年11月15日，浙江省杭州市风情大道地铁一号线施工现场发生地面塌陷灾害（图5-36—图5-38），塌陷面积约20 m×100 m，深10 m。此次塌陷致使50多人被埋（其中17人死亡、4人失踪、30多人受伤）、数十辆汽车陷入坑内，导致城市供水管道断裂，使得塌陷区内严重积水。浙江省各级政府高度重视此次灾害，相关负责人亲赴现场指挥救灾，先后有400多名武警官兵和消防队员参加了抢险救灾。此次地面塌陷是我国地铁修建史中的重大灾害性事故之一。

图5-36 杭州地铁塌陷灾害全貌

图5-37 塌陷区大量积水

图5-38 车辆陷入坑内

　　2015年8月17日至8月24日，兰州市七里河区西站十字周边（包括西站十字、七里河交警大队门口、西站小学东侧、华润万家超市附近等）先后发生了多处地面塌陷（图5-39—图5-42）。塌陷造成了两处（次）车辆"中招"陷入塌陷坑洞的事故，所幸无人员伤亡。

　　据相关部门调查，多处路面塌陷坑洞口直径约3 m，部分坑内积水灌注。塌陷导致路基呈悬空状，并延伸至道路中央区或两侧人行道上。此次地面塌陷灾害发生后，有关部门紧急启动应急措施，设警戒区，立警示牌，以保证过往车辆及行人的安全，并对相关老化管道进行了更换，以防止塌陷范围继续扩大。另据相关人士分析，数起地面塌陷灾害的发生跟区段污水主管道渗漏及黄土地层湿陷存在很大关联。该地区的污水管道投入使用已有四五十年之久，故存在一定程度的腐蚀老化，又加之地铁线路的施工扰动，在湿陷性黄土地层环境中极易发生地层局部下陷、坍塌及管道弯折、破损、泄漏等情况，这进一步加剧了塌陷的发生。

图5-39　路面塌陷

图5-40　路面悬空

图5-41　塌陷坑积水

图5-42　公交车车轮陷入坑内

5.5　地面塌陷的时空易发性及主要诱发因素

1.地面塌陷的可能易发期

黄土湿陷类、岩溶类地面塌陷一般易发生于春夏季。因春夏季是农业灌溉最为频繁且用水最多的时节，同时也是一年中工业生产和经济活动相对频繁的季节，这在一定程度上会加剧区域地下水的抽采，加速地面的塌陷。

地面塌陷发生概率一般旱季大于雨季。因地面塌陷与地下水水位的变幅关系密切，雨季降水丰富，地表水补给地下水多，地下水位变幅小；而旱季降雨少，地表水补给地下水少，地下水位变幅大，往往易发生地面塌陷。

2.地面塌陷的主要易发区域

（1）矿山开采形成的井巷、硐室等采空区；

（2）石灰岩、白云岩等碳酸盐岩地区；

（3）地下交通、管廊、人防、仓储等工程活动扰动和挖空区；

（4）湿陷性黄土、季节性冻土等特殊类土地区；

（5）爆破等强烈的地下工程活动区等。

一般情况下，岩溶地面塌陷的形成需要具备地下岩溶洞隙、地表覆盖一定厚度松散岩土层和地下水活动三个基本要素。岩溶洞隙的存在为塌陷物质提供容纳场所和塌落空间，地表覆盖层是塌陷体的主要组成部分，地下水活动和重力为塌陷提供必要的动力，如图5-43所示为岩溶地面塌陷形成机制示意图。

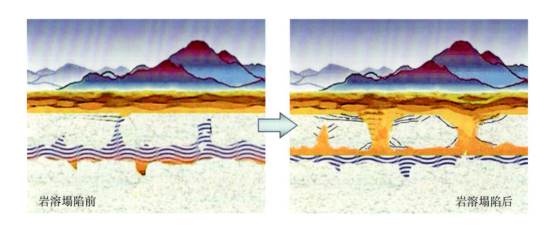

图5-43　岩溶地面塌陷形成机制示意图

我国南北方各省（区）岩溶塌陷发育数量情况如图5-44所示，其在长江以南的广西、贵州、江西、云南、湖南、湖北等地最为发育，约占全国的80%以上；北方的河北、山东、辽宁等地也有一定发育。另广东省地矿局对岩溶矿区的调查数据显示，随着地下埋深的增大，岩溶塌陷的发生概率会不断下降，岩溶地面塌陷的发生概率与地下深度呈负相关关系（图5-45）。通常情况下，岩溶塌陷发生区域的上覆地层相对较薄，超过百米往下的深层，岩溶地面塌陷的发生率会越来越小。

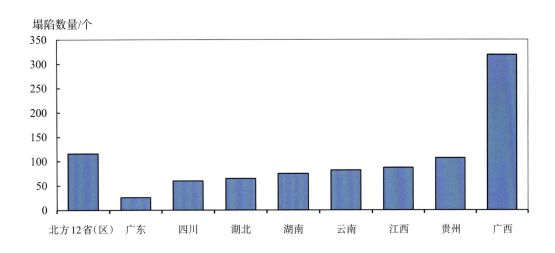

图5-44 我国南北方分省(区)岩溶塌陷发育数量统计图

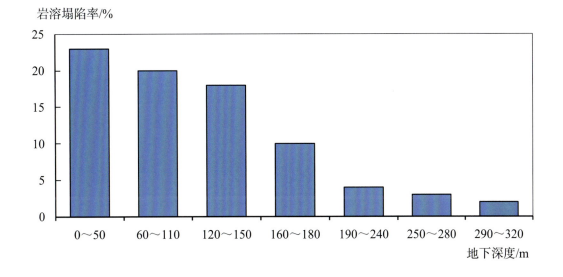

图5-45 岩溶塌陷发生率与距地面深度关系分布图

　　采空地面塌陷的形成须具备地下采空区（井巷、硐室等）、顶板岩土体力学强度低、完整性差等三个要素。地下采空区越深或越宽广、距地表越近、顶板强度越低、顶板完整性越差的地带越易形成采空地面塌陷。图5-46所示为地下采空后引发地面塌陷的机制示意图。

图5-46　地下矿采引发地面塌陷示意图

3.地面塌陷的主要诱发因素

（1）地震；

（2）矿山地下采空；

（3）地下工程中的排水疏干与突水（突泥）作用；

（4）过量抽采地下水、油气等资源；

（5）上顶岩、土体自重；

（6）人工加载；

（7）人工蓄水；

（8）人工振动；

（9）地表渗水；

第 5 章　地面塌陷

（10）废液排放、浸泡；

（11）地表冲刷，地下溶蚀、潜蚀等作用。

可能会诱发地面塌陷的自然因素和人为因素分别如图5-47、图5-48所示。与水作用因素相关的地面塌陷，其形成演化概况如图5-49所列。

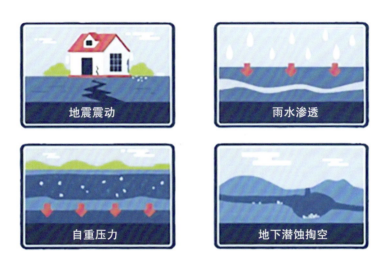

图5-47　可能会诱发地面塌陷的自然因素

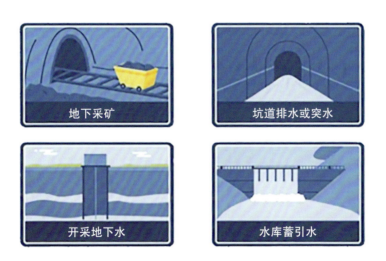

图5-48　可能会诱发地面塌陷的人为因素

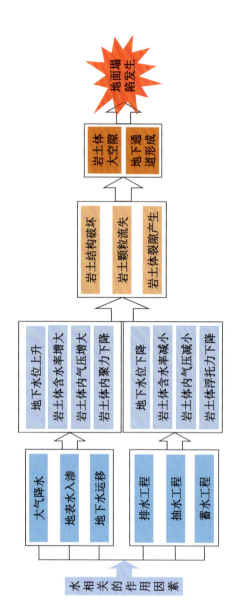

图5-49 水作用下的地面塌陷形成演化机制简图

5.6　地面塌陷孕育发生中的主要征兆

（1）井、泉、塘水位水质的异常变化，如出现突然干枯、断流或水量增加，水位骤然升、降，水体突然浑浊和翻砂、涌泥、冒气泡等，如图 5-50 所示。

（2）地面形变，如产生地鼓或下凹，或地面出现环状、放射状、平行交错状裂缝并不断扩展、开裂等现象，如图 5-51 和图 5-52 所示。

（3）建（构）筑物变形破坏，如发生下沉、开裂、倾斜、作响，道路管渠等弯折、断裂错位等，如图 5-52 所示。

（4）地面积水后出现水面冒气泡、水泡、旋流或漏失等现象。

（5）地面踩踏时有空洞声响，车辆驶过后地下传来明显震动感或空洞声等。

（6）植物状态（颜色、生命质量）异常变化，家禽动物惊恐不安，微微可闻地下土层的隆隆垮落声等。

图 5-50　井、泉水位水质异常

图 5-51　地面呈现环状、放射状和平行交错状裂缝

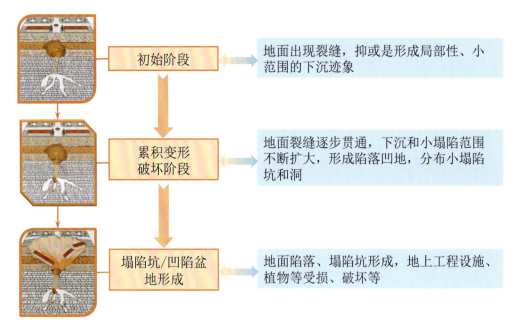

图 5-52　岩溶地面塌陷不同发育阶段的地面特征

5.7　地面塌陷的主要预防措施

（1）加强地质环境勘查与评估。在进行城镇、村落建设和工程规划时，应详细查明建设场地的地质环境条件，掌握采空区、岩溶活动区、黄土湿陷区、冻胀融沉区等的危险程度和形成条件等。

（2）实施避让、绕行措施。对已发现具有地面塌陷征兆且稳定性差尚有活动迹象的地段，应坚决避让，不能作为居民居住地和建构筑物、设备厂房、公路管渠等的建设用地；建议尽量避开地下有采空区的地段，原则上应使主要建构筑物避开地下采空区、岩溶活动地段。

（3）工程设计施工、矿山采掘活动中要注意消除或减轻人为因素的影响。如尽可能不放炮或放小炮，修建完善的排水系统，避免地表水大量入渗，对已有塌陷坑及裂缝及时进行填堵，防止地表水向其汇聚注入而加剧塌陷。

（4）加强监测预警。在可能的地面塌陷区域，应特别注意保持排水系统的有效性，防止雨水、地表水及废水等的渗入；定期进行地下水和塌陷的动态监测，及时发现塌陷征兆并采取有效措施。

5.8　地面塌陷发生时的主要应急措施

（1）在发现地面塌陷相关前兆时应立即制订撤离计划，视险情发展情况将人、物等及时撤离险区。

（2）塌陷发生后对临近建筑物的塌陷坑（洞）应及时填堵，以免影响建筑物的稳定。

简易方法：一般是先投入片石，上铺砂卵石，再上铺砂，表面用黏土夯实，经一段时间的下沉压密后用黏土夯实补平。

（3）对建筑物附近的地面裂缝应及时堵塞，拦截地表水防止其注入地面的塌陷坑（洞）。

（4）对严重开裂的建筑物应暂时封闭不许使用或自行维修，待专业人员进行危房鉴定后再确定应采取的相应措施。

（5）人员遇到地面塌陷，应保持镇定，观察四周地面，向地面较平稳的方向逃离，尽快离开塌陷区域。如果发现地面塌陷异常，应立即远离，并电话报警和通知有关部门，切勿冒险停留在原地或居于室内。

（6）行人若不慎落入塌陷坑（洞），应尽可能不慌张，双手抱头、双臂护脸、下蹲抱团，将脸藏于双膝之间，保留最大限度的呼吸空间，尽量护住口鼻，以防吸入粉尘等；汽车若落入塌陷区内，需等待车辆静止后迅速解开安全带，开门或破窗逃离，寻找逃生路线。相关自救措施见图5-53—图5-56所示。

图5-53　双手抱头、手臂护脸

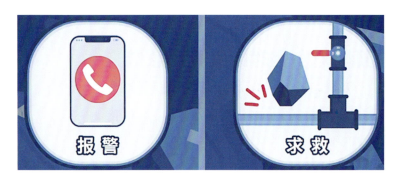

图5-54　电话报警、制造响动呼救

图5-55　解开安全带、开门或破窗逃离

图5-56　设置警示标语、围挡塌陷危险区

第6章　地裂缝

6.1　地裂缝的概念

地裂缝是指在自然或人为因素的作用下，地表岩土体产生开裂、差异错动，并在地面形成一定长度和宽度裂缝的地质现象。地裂缝就如同地球上难以愈合的一道道"伤口"般，给人居环境与经济建设带来严重威胁和灾害，如图6-1所示。

图6-1　"5·12"汶川地震后,甘肃天水黄土地台发育的地裂缝

地裂缝灾害多发于第四系松散沉积地层中，有单独孕育而成的地裂缝，也有与地面塌陷、滑坡、地面沉降、地震等灾害相伴生的地裂缝。地裂缝在发育分布上多具有一定的方向性、延展性、规律性和不对称性（图6-2、图6-3），有些还具长期活动性（渐进性），并伴随有一定的位移形变过程，使其在影响的时空范围、灾害的破坏效应等方面更为严重。

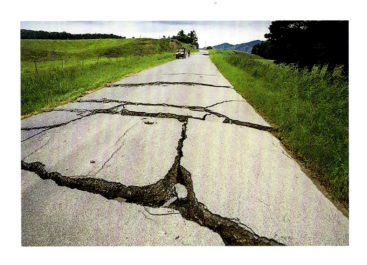

图6-2　具有主方向性(并行)发育的地裂缝(组)

图6-3　向特定方向延展发育的地裂缝

在全球范围内,由地震、断层活动和地下水超采等因素引起的地裂缝现象占据了主导地位。其中,规模较大的地裂缝长度可达数千米,宽度达数米,主要分布于中国、美国、墨西哥、澳大利亚、肯尼亚、埃塞俄比亚等国家。我国的地裂缝主要分布于汾渭盆地、华北平原及苏锡常地区,以陕、晋、冀、鲁、豫、皖、苏等省最为发育,总数量达上千条,累计总长度超过1 000 km,给影响区造成的经济损失达数百亿元。

6.2　地裂缝的主要类型

按照地裂缝形成的主动力条件不同，可将其划分为三大类、若干小类，详细划分见图6-4，不同成因地裂缝的表观情况如图6-5—图6-10所示。

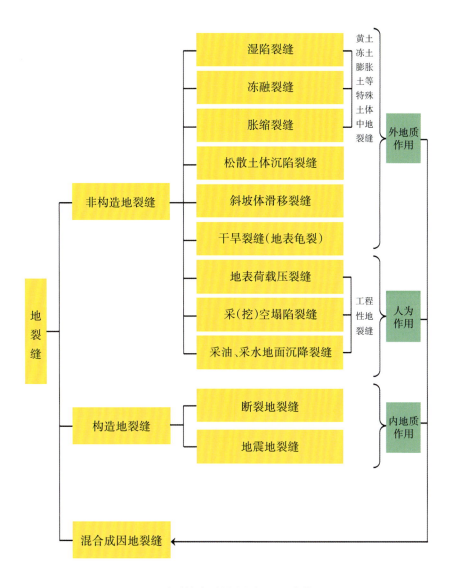

图6-4　地裂缝类型划分依据及层次简明图

图6-5 黄土湿陷裂缝

图6-6 地震裂缝

图6-7 斜坡体滑移地裂缝

图6-8 地壳断裂地裂缝

图6-9　干旱引起的地表龟裂

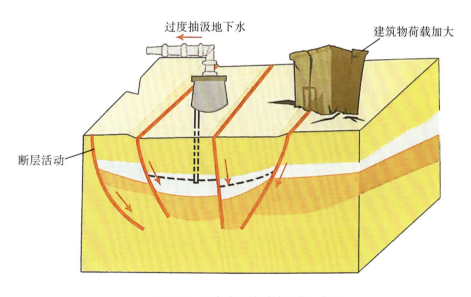

图6-10　混合成因地裂缝形成示意图

6.3　地裂缝的主要危害

　　地裂缝活动通常会改变所经区域岩土体结构的完整性、应力的分布情况等，其危害作用多具有直接性、破坏结构完整性和发育的不均一性，在发生时间上存在渐进性和周期性，发生空间上有些还具有群发性、区域性特点。

　　一般来说，地裂缝的危害主要体现在以下几个方面：房屋和建（构）筑设施出现开裂和破损；农田受损，渠系发生渗漏水；矿区可能出现塌陷和滑坡；交通道路、输气（油、水）管道、鱼塘水库和文物古迹等的安全受到威胁（图6-11—图6-17）。此外，地裂缝还会加剧土地供需矛盾，引起其他"地质–生态–人居"环境问题。

图6-11　地裂缝使房屋开裂

图 6-12　地裂缝毁坏农田

图 6-13　地裂缝致使路面破裂

图 6-14　塌陷裂缝危害管道工程

图6-15　西安某高校图书馆地震裂缝遗址

图6-16　煤矿资源型城镇不可回避的"伤疤"——采空塌陷裂缝

图6-17　地裂缝破坏农户打谷场地

　　西安市是我国地裂缝灾害发育最为典型且危害严重的一线大城市。自20世纪50年代至今，西安市地裂缝灾害已有70多年历史，一直是困扰城市规划建设和地下空间利用的"拦路虎"。目前已查明的较大型地裂缝（带）共有14条，裂缝总体延展方向呈北东东向，彼此以0.6～1.5 km的间距近似平行展布，单条裂缝的长度从2.1～12.8 km不等，地面累计出露地裂缝总长度超过80 km，影响城区约200 km²的范围（图6-18）。地裂缝所经之处，道路发生变形，导致交通不畅；地下供、排水管道断裂，建筑物出现错裂，围墙倒塌，文物古迹受损。这些问题给城市开发、生命线工程建设和人民生活造成了严重的危害。图6-19和图6-20为2003年2月在西安市子午路的地下供水管道（直径约2 m）受地裂缝变形影响而错断，致使街区被水淹的情景。

　　研究表明，西安市的地裂缝是由地质构造运动与人类工程活动共同作用形成的。目前，地裂缝活动和发展在成因分布上既受深部断裂构造的控制，又与历史上地下水的过量开采密切相关。地裂缝活动仍具有一定的迁移性，主要表现为张裂并伴有垂直断陷和水平扭动，对其影响区内的各类建（构）筑物都具有极大的破坏性。

▲西安地裂缝示意图

图6-18　西安市地裂缝灾害分布示意图

图6-19 供水管道断裂致使水向外喷涌

图6-20 工作人员紧急疏排积水、抢修现场

6.4 地裂缝主要易发区及诱发因素

1.地裂缝的主要易发区域

地裂缝的易发、多发区域通常位于地质构造活跃的地壳破碎带、基岩强烈风化区、岩溶区、矿山采空区以及湿陷性土、冻土和膨胀土等分布区。这些区域由于其特殊的地质条件，更容易发生地裂缝。

2.地裂缝的主要诱发因素

地壳运动、地面沉降、滑坡、特殊土质的湿陷膨胀及人类活动等均可以引（诱）发地裂缝（图6-21—图6-24）。早期地裂缝多由自然因素引起，但近期人为因素导致的地裂缝现象有逐年加剧之势，且其危害范围和影响程度也在不断扩大与加深。

常见的可引（诱）发地裂缝的因素有：

（1）地震活动易引发和加剧地裂缝的发育和发展；

（2）地壳断裂或挤压褶皱带一般会多发、群发地裂缝；

（3）黄土湿陷区易发地裂缝，地面也会不同程度陷落；

（4）松散土体的潜蚀作用可引发地裂缝；

（5）黏土组分高的地表易干缩龟裂形成地裂缝；

（6）强降雨可能会加剧地裂缝的发展；

（7）滑坡、崩塌活动的初期易引发地裂缝；

（8）矿山采空区和地下工程挖空区易发生地裂缝；

（9）过度抽水或灌溉水渗入亦会诱发地裂缝；

（10）人工蓄（泄）水可能会引发地裂缝；

（11）地表荷载、加压一般会形成地裂缝；

（12）基坑降（排）水有时也会引发地裂缝。

图6-21 地震引发地裂缝（地震断裂）

图6-22 裸露区强风化基岩裂缝

图6-23 地下超采沉降区地裂缝

图6-24　断裂破碎带(裂谷)地裂缝

6.5　地裂缝的主要预防措施

由于地裂缝灾害，尤其是构造类地裂缝具有不可抵御性，因此应以"防"为主。避让、绕开裂缝区段是最为有效的预防减灾措施。非构造类地裂缝多数发生在由主要地裂缝组成的地裂缝带（组）内，其形成过程漫长。因此，对于已经产生地裂缝的区域，仍应以避让为主，从而避免或减少经济损失；而对于一些小型裂缝，可采取及时回填、夯实等措施来防止其进一步发展，如图6-25和图6-26所示。

图6-25　回填田地裂缝恢复农业生产

图6-26　小区房屋建筑绕避地裂缝

对于地裂缝易发区，要加强工程地质勘察（查）工作，进行灾害评价和合理规划，以防为主。在预防期间，应采取长期有效的监测措施，如地面勘察（查）、地形变测量、断层位移测量等方法，以预测预报地裂缝的发育情况及危害范围（图6-27和图6-28）。这些措施为科学有效防控减灾提供了基础依据。

另外，还可以通过各种行政和管理手段限制地下水的过量开采；通过技术规范（程）指导和改进地裂缝区的建（构）筑物基础形式，提高抗裂性能，并确保房屋结构的整体刚性和强度；在矿区开采中应合理预留安全柱（墙），限制开采区域等。

图6-27 地裂缝形变简易监测

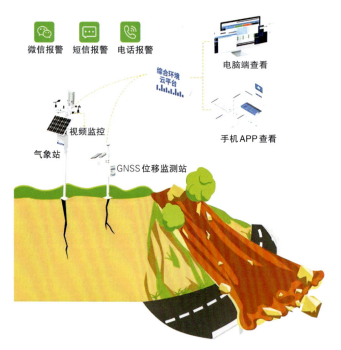

图6-28 滑坡（裂缝）监测预警体系

第7章　地面沉降

7.1　地面沉降的概念及特点

地面沉降，顾名思义就是大地水平面下降，是地壳表层区域性形变的一种地质作用。一般指地壳表面在内、外地质作用和（或）人类活动作用下，大面积、区域性发生沉降的环境地质现象。如意大利著名旅游城市——威尼斯，因地面沉降等作用成为著名的水上城市（图7-1），享有全球"水之都"之美誉，但也因地面沉降而长期面临众多困扰。威尼斯地面沉降严重影响土地的可持续开发利用，也威胁人居环境安全。

图7-1　地面沉降下的威尼斯水城

137

地面沉降是一种渐进性（缓变性）的地质灾害，具有累进性和不可逆性。其发生过程一般较为缓慢，下沉速率不易察觉，但波及范围广、危害性大且难以治理，常被形象地称为"一种沉默的土地危机"。

地面沉降的范围可从几平方千米到几千平方千米不等，且时常在不同区域存在不同的沉降量。地面沉降的速度一般很慢，以每年几毫米至几百毫米的速率发生缓慢下沉运动，往往需要借助专业仪器设备来监测地面沉降的发展，或通过沉降致灾的外显结果来间接发现其变化情况（图7-2、图7-3）。

图7-2　地面沉降导致房屋地基下沉、墙壁开裂

图7-3　地面沉降使桥梁净空减小，影响排洪与通航

另外，地面沉降还具有区域易发性、成因复杂性等特点。据统计，全球已有60多个国家和地区不同程度地发生了地面沉降危害，如日本、美国、墨西哥、意大利、泰国、中国等。我国地面沉降主要发育于长江三角洲、华北平原、汾渭盆地等多个大区域，其中上海、苏锡常、京津冀、大同、西安等地的地面沉降灾害最为严重。

地面塌陷的特征表现与上述地面沉降诸情况不尽相同。地面塌陷往往是局部性塌陷，发生过程时间相对较短，数天或数月中即可形成，塌陷区与周边区域会出现明显的地面不连续迹象，破坏范围相对较小，但灾害性一般较强，来势汹汹。

7.2 地面沉降的主要类型

根据发生地面沉降的区域地质环境条件差异，地面沉降可划分为：

（1）现代冲积平原型。如我国华北平原的地面沉降，在21世纪初沉降作用相对严重的时期，不同省（市）累计沉降量及分布范围见表7-1所列。

表7-1 华北平原各省(市)累计沉降区域范围统计表

沉降区域	沉降区面积/km²		
	沉降量>500 mm	沉降量>1 000 mm	沉降量>2 000 mm
北 京	467.0	0	0
河北(中东部)	25 852.4	3 382.6	11.7
天 津	7 181.0	5 127.1	930.2
山东(鲁西北部)	238.8	0	0

注：数据源自《中国地质环境公报》（截至2006年年底）。

（2）三角洲平原型。该类型的地面沉降主要发生在现代冲积三角洲平原地区，如我国长江三角洲地带的上海、苏州、无锡、常州、嘉兴、湖州、张家港等地的地面沉降均属这一类型。据统计，苏锡常地区在21世纪初的年沉降量最高时可达50 mm（图7-4）；整个长江三角洲区域地面沉降总量超过200 mm的面积近$1×10^4$ km²，约占该地区总面积的1/3。

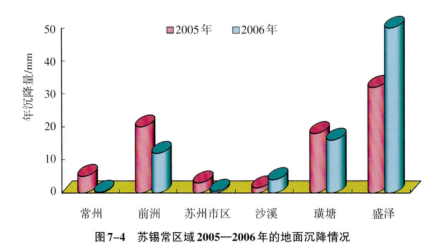

图7-4 苏锡常区域2005—2006年的地面沉降情况

（数据来源：2006年度《中国地质环境公报》）

（3）断陷盆地型。该类型的地面沉降又可进一步分为近海式和内陆式两类。近海式指滨海平原，如宁波市的地面沉降；内陆式则为冲湖积平原，如西安市、大同市的地面沉降。

根据地面沉降发生的主要引（诱）发因素的不同，即自然、人为主控因素的不同，地面沉降可划分为：

（1）构造运动、松散地层天然固结、岩溶作用等诱发型；

（2）抽汲地下流体或气体（地下水、石油、天然气等）引发型；

（3）采掘地下固体矿产（采空区）引发型；

（4）工程活动的环境效应诱发型。如密集大型建（构）筑物的持续荷载加压，蓄水工程、农业灌溉等的长期浸润、软化和潜蚀作用，人为活动的高强振动等均会诱发地面沉降，这也是近百年来新发地面沉降的主要类型。

7.3 地面沉降的主要危害

地面沉降所造成的破坏和影响是多方面的，其主要的危害可表现为：

（1）地面标高下沉，继而造成雨季地面积水、防洪泄洪能力下降，促发城市内涝。

（2）供排水管道坡降改变，影响正常使用；防水设施结构破损，功能失效。

（3）沿海海滨城市负海拔洼地面积不断扩大，海堤高度下降，极易发生海水倒灌、潮水入侵。

（4）海港码头仓库等构筑物破坏，装卸能力降低。

（5）重大线性工程（包括铁路公路、通信线路、输电线路和油气管道等）扭曲变形或断裂。

（6）建构筑物基础下沉，结构脱空开裂。

（7）跨越江河的桥梁净空减小，影响通航。

（8）深井井管上升，井台破坏。

（9）耕地低洼地势洪涝积水，农作物减产。

（10）园林古迹、亭台楼阁、回廊假山等倾斜变形或遭受水淹。

（11）引（诱）发次生地裂缝，加剧区域生态环境恶化等。

图7-5—图7-10显示了地面沉降引发的各种危害情况。

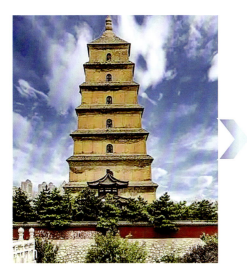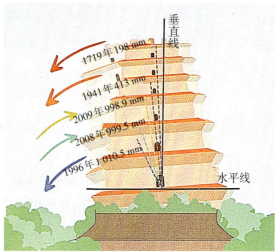

图7-5　西安市地面沉降作用——千年大雁塔发生倾斜

图7-6　地面沉降导致井台被破坏　　图7-7　地面沉降引发房屋基础及散水开裂变形

最初紧挨地面的
蓄水池进水口

2.9m

图7-8　甘肃永靖黑方台地面整体下沉导致20世纪60年代修建的
原地面下沉式蓄水池成为地上"大水缸"

河床高岸坡地面

图7-9　地面沉降导致河床高出岸坡地面,平坦道路变为缓坡弯道状

图7-10　地面沉降导致街区道路路面高低起伏,呈波浪状

上海是现代化国际大都市之一，位于我国长江口三角洲平原滨海地区。该地区地表层第四系松散层厚300～400 m，区域岩土工程地质属性多为中偏高、高压缩性土层，百余年以来在地下水超采等作用的影响下，引发地面沉降而形成碟形洼地。21世纪初的沉降面积已达1 000 km²，沉降中心区最大沉降量超过2.0 m（图7-11），年均沉降量约2 mm。图7-12所示的是上海外滩防汛墙从无到有到逐年加高，市区路面也逐年不断加高，当初的一层房屋目前已逐渐变为半地下室的情景。上海外滩地面的百年巨变为我们提供了地面沉降对城市环境产生巨大影响的典型画面。

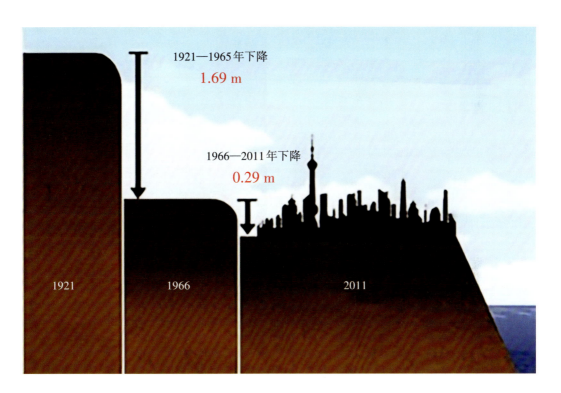

图7-11　上海市1921—2011年地面沉降量变化示意图

图 7-12　受地面沉降持续影响下的上海市海岸带防汛防浪堤（墙）历年增高过程示意图

7.4　地面沉降的主要诱发因素及特点

　　导致地面沉降的主要因素可归结为自然因素和人为因素两大方面，其各自在引发沉降过程中的主要特点见表 7-2。自然因素主要是指构造运动（图 7-13）、地应力变化和地震、火山活动、气候变化等，松散岩土体或软土层的自然固结压缩、易溶盐岩区的岩溶潜蚀作用等。人为因素主要是指开采地下水、油气资源、矿产资源等的活动，以及增加地面荷载（如大规模、密集型的工程建筑）、强震动等工程环境效应（图 7-14—图 7-17）。但总体上看，现代地面沉降的引（诱）发因素中相互叠加的复合型因素占主导（图 7-18）。

表7-2　地面沉降的主要引(诱)发因素及其沉降过程特点

引(诱)发因素		地面沉降特点
自然因素	土层自然固结压缩	与地层沉积后的地质历史有关,一般来说沉降速率和沉降量都较大
	构造运动、地应力变化	运动速度较低,但具有长时间的持续性,在某些新构造运动活跃的地质构造单元中,沉降速率个别可达到每年几毫米
人为因素	地下流(气)体大面积开采	是产生大面积、大幅度地面沉降的主要因素。具有沉降速率大(年沉降量达几十到几百毫米)和持续时间长的特征(过程一般会持续几年到几十年)
	深层地下空间开发中基坑降水	多呈现局部沉降漏斗,与基坑开挖深度、降水强度、止水帷幕深度等均有关
	地面荷载,如在建筑密集区大面积堆土堆渣等	一般是局部范围内的地面沉降,持续时间可长可短,因地层的物质组成差异而有所不同

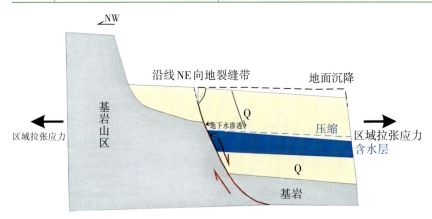

图7-13　地应力和构造作用下基岩远离拉张造成地面沉降示意图

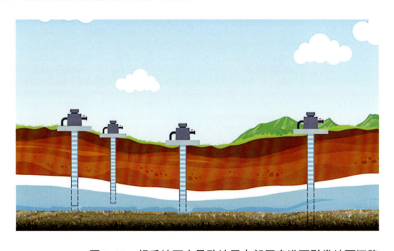

图7-14　超采地下水导致地层内部压密进而引发地面沉降

图 7-15　密集建筑群静荷载压密地基土体引发地面沉降

图 7-16　地下矿产资源采掘后的采空区易诱发地面变形并沉降

图 7-17　高强机械振动下的地层压密变形易发生地面沉降

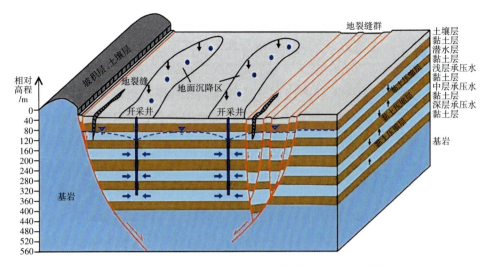

图7-18 松散地层中人为工程活动引发地面沉降示意图

目前，人们将自然因素导致的地面沉降主要归类于地壳形变、构造运动、岩土间转化等地质现象，并作为一种自然的地质动力作用加以探究；而通常将人为因素引发的地面沉降作为地质灾害进行研究，并加以人为防控与管理。

7.5 地面沉降的一般性预防措施

我国境内的地面沉降大都是由于人为抽采地下水导致含水层系统受压缩而产生的。针对该种类型的地面沉降主要可采取以下诸方面的预防或恢复措施：

（1）加强区域地面沉降调查，建立健全沉降监测网络，综合运用InSAR技术、高精度水准测量和GNSS测量等多种先进监测手段，加强地下水动态和地面形态的长期监测（图7-19和图7-20），为地面沉降的预防控制提供科学依据；

图7-19 加强区域地面沉降调查及日常化动态监测

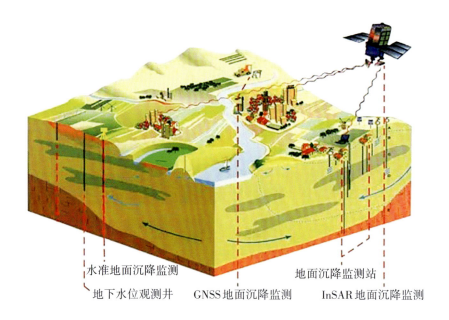

水准地面沉降监测
地下水位观测井　　GNSS地面沉降监测

地面沉降监测站
InSAR地面沉降监测

图7-20　地面沉降的现代化立体监测网络示意图

（2）已发生地面沉降的区域，应严格落实建（构）筑物基础处理措施；

（3）开辟新的替代水源，大力推广与提高节水技术与意识（图7-21）；

（4）调整地下水开采布局，严格控制地下水超采（图7-22）；

（5）采取含水层存储和修复技术，对地下水开采层进行人工回灌、补充水量；

图7-21　严格控制地下水超采，普及提高节水意识及措施

图7-22　划定地下水禁采区,有效控制地面沉降发生

（6）加固海岸堤防，疏通河道，兴建防洪排涝工程；

（7）立法保护地下水，加强对水资源开发利用的统一管理；

（8）控制地下水位的波动，减少落水洞及通道的产生；

（9）群众应主动提高防灾意识，理解和支持相关部门采取的各种地质灾害防范措施，爱护相关监测设施（备）及其场地等（图7-23）。

图7-23　积极保护相关监测仪器设备及场地

第8章 黄土湿陷灾害

8.1 黄土的分布、类型和湿陷性

　　地球地质年代史上最年轻的第四纪松散地层——黄土，连续、广泛地分布于我国中部偏北的各省（区），构成了闻名于世的"黄土高原"。其中，集中连片分布的黄土高原面积约45万km²。此外，北方诸省（区）也有断续分布。我国的黄土覆盖总面积近65万km²，大致分布在北纬30°～45°之间。黄土厚度几米到超过500 m不等，黄土高原的黄土总体较厚，其他零星分布的黄土其厚度多为几米到几十米。黄土高原的黄土分布厚度亦不均匀，陕西的一般为120～140 m，甘肃陇东的为140～180 m，靖远曹岘一带的达500 m以上，兰州西津坪的为409 m、九州台的为316 m，青海乐都东部南山的一般为200～300 m，其他地方的黄土较薄。

　　黄土形成于距今约300万年的第四纪。黄土按地层时代从老到新划分为四类（层）：

　　（1）下更新统（Q_1）——午城黄土；

　　（2）中更新统（Q_2）——离石黄土；

　　（3）上更新统（Q_3）——马兰黄土；

　　（4）全新统（Q_4或Q_h）——新黄土。

　　黄土形成于风的吹扬沉积，结构十分疏松，常具大孔隙，还具有垂直节理（图8-1），遇水易湿陷软化，结构稳定性差，因此在流水侵蚀作用下黄土高原被切割成千沟万壑，成为世界上水土流失最严重的地区。黄土沟谷内普遍发育滑坡、坍塌体（图8-2、图8-3），暴雨期间其被洪水携带就形成了黄土高原特有的黄土泥流（图8-4、图8-5）。

图8-1 黄土柱垂直节理

图8-2　黄土沟坡浅层滑坡群

图8-3　黄土沟谷坍塌群

图8-4　黄土泥流淹没街区

图8-5 黄土泥流

 与人居环境和各类工程建设有着更为直接关系的是黄土具有的遇水湿陷特性,工程地质行业将其简称为黄土的湿陷性。黄土具有湿陷性的根本原因是黄土富含的碳酸盐(约占黄土质量的10%~20%)遇水后会发生溶解,致使土体结构被破坏、发生潜蚀和流失,受水土体重力自然下陷、陷落或被搬运,形成湿陷坑、洞、槽、裂缝、水涮窝等(图8-6—图8-11),随着水量增加湿陷加剧,破坏工程地基稳定性,使房屋及其他工程变形开裂、塌陷,造成黄土湿陷灾害。黄土湿陷灾害是一种缓变性灾害,以经济损失为主,一般不会造成人员伤亡。

图8-6　黄土坡面串珠状陷穴

图8-7　黄土塌陷坑

图8-8　黄土洞穴

图8-9　黄土塌陷裂缝

图8-10　湿陷性黄土区发育的槽状陷落带

图8-11　黄土边坡面水刷窝(群)

8.2　黄土湿陷的主要危害

黄土湿陷对所有布设在黄土体上的工程建筑、活动场地、农地、绿化工程等都有不同程度的危害。

对房屋建筑的主要危害是随着地面下陷变形,梁、柱、墙发生拉断、扭曲和开裂,桩基础及侧土下陷导致房屋整体失稳变形等(图8-12、图8-13)。

对公路等交通设施的危害主要表现为路面塌陷,桥梁变形、断裂,路基损毁、断头等(图8-14、图8-15)。

图8-12　黄土基础湿陷导致房屋墙面开裂

图8-13　黄土地基湿陷导致围墙开裂、硬化地面受损

图8-14　黄土路基湿陷导致路面受损

图8-15　黄土路基湿陷导致路基塌陷过半

对水利设施的危害多指水库大坝的不均匀沉降，坝顶、坝面开裂、渗漏加剧，甚至垮坝；引水、排水渠系扭曲变形、渗漏、断裂等（图8-16、图8-17）。

图8-16　黄土基础湿陷导致谷坊坝垮塌

图8-17　黄土基础湿陷导致排水渠破损渗漏

　　对建设及生产场地、庄户庭院等的危害主要表现为形成湿陷坑洞、局部塌陷、围墙倾斜倒塌等（图8-18、图8-19）。

图8-18　黄土湿陷陷穴破坏农田小麦

图8-19　湿陷性黄土庭院局部沉陷、墙壁开裂

8.3　黄土湿陷的主要预防措施

黄土湿陷灾害的预防可简要归结为两点："防水"和"强土"，两者都属于工程措施。

湿陷性黄土"怕"水，就必须先防水，就是要在建（构）筑物周围、活动场地想尽一切办法不让水入渗下去影响工程和场地安全。如在房屋外墙根脚部廊檐水洒落区布设散水工程（图8-20）、在工程场地和居民院落布设硬化工程及其外围布设截排水工程等（图8-21—图8-23）。

图8-20　黄土高原房屋墙脚常见的散水工程

图8-21　黄土高原农户庭院常见的硬化工程

图8-22 公路边坡常见的截排水设施

图8-23 管道工程与公路涵管口交叉处的截排水体系

　　"强土"是指消除黄土湿陷性的一系列工程措施，主要包括夯土工程（原土和填土夯实、人工夯土、机械夯土等）、填料挤密桩工程、掺料碾压夯实工程（改性）、换填土工程、加筋改良工程、化学与生物固化工程等，如图8-24—图8-29所示。

图 8-24　机械强夯法

图 8-25　人工夯筑法

图 8-26　填料挤密桩法

图 8-27　钢筋砼灌注桩法

图8-28　水泥土固化法

图8-29　换填垫层法

第9章 群测群防

9.1 地质灾害群测群防

地质灾害群测群防，顾名思义，即群众性预测预防地质灾害工作的简称。我国地质灾害群测群防工作体系是指地质灾害易发区内的县（市）、乡（镇）两级人民政府和村（居）民委员会组织辖区内企事业单位和广大人民群众，在自然资源主管部门和相关专业技术单位的指导下，通过开展宣传培训、建立防灾制度等手段，对崩塌、滑坡、泥石流等地质灾害的前兆、致灾体变形和地质环境条件演化等的动态信息进行调（排）查、巡查和简易监测分析，以实现对灾害险情的及时发现、快速预警和有效应急防范的一种主动减灾（预防）思路和措施。

"群测群防"预防地质灾害是我国在灾害预防领域的重要社会化组织形式和运行机制之一，也是最重要、最高效、覆盖面最广的措施之一。这项措施充分体现了因地制宜、群专结合、实事求是的指导方针和策略，也是我国国情的充分体现，是一条中国特色的灾害预防道路。据有关资料，群测群防灾害措施创始于1966年邢台地震之后，通过地震、防汛、自然资源、应急管理等系统多年来的实践探索和经验积累，其在地质灾害预防方面所体现出的主要优势、特点和意义可概括为以下几方面：

（1）我国地质灾害发育类型和数量多、分布十分广泛，在当前国家财力毕竟有限的情况下，不可能对疆域内所有地质灾害进行全面性防治，只能有所侧重地对严重威胁城镇、矿区、交通干线、名胜古迹、重大工程安全等的地质灾害进行专门性防治。对一般性地质灾害，则主要通过宣传培训和引导教育，使当地民众不断增强防灾减灾意识，掌握一些地质灾害预防知识和技能，并在属地政府组织管理下，积极有效开展以群众为主体力量的灾害监测预报、应急处置等预防性工作。

（2）地质灾害群测群防巡查监测覆盖面广。这弥补了专业化监测网点、专门性防治手段不全不足等的问题，从面上大大提高了我国对灾害监测预报、防范应对的效能水平。

（3）地质灾害群测群防宣传实效性好。在培养群众巡查观测队伍的同时，在民间有效宣传了防灾减灾知识，大大提高了全社会防灾减灾意识的覆盖度，起到了专门性教育宣传活动所达不到的作用和效果（图9-1、图9-2）。

图9-1　地质灾害群测群防科普宣传巡讲

图9-2　地质灾害群测群防隐患点现场科普

（4）地质灾害群测群防预警时效性强。本土化的群测群防人员熟知当地情况，同当地政府和群众联系密切，长期蹲守、亲临危险点（区），掌握的实际信息丰富，传播紧急防灾躲灾信息（预警信号）可灵活多样，在临灾预警预报、应急避险过程中可发挥专业队伍难以替代的作用（图9-3—图9-5）。

图9-3 群测群防员实地调查、观测与记录

图9-4 群测群防实地培训与模拟演练

图9-5 "乡土化"的群测群防预警预报模式

（5）实践证明，掌握了基本防灾知识和监测预警技能的群测群防队伍，在及时传报临灾信息、组织群众及时避灾躲灾和应急救灾过程中的重要作用不可或缺。在推进中国式现代化建设中，更应不断完善与加强推广地质灾害群测群防工作，以最大程度地减轻灾害损失。

9.2　群测群防体系的基本构成

地质灾害群测群防体系主体上由县（市、区）、乡（镇、街道）、村（社区）三级监测网络和监测点构成，也包括相关的信息传输渠道、管理制度等。在我国，已形成了以某单体地质灾害隐患点为监测预警基本单元，按照县级、乡级、村级三个层次，对地质灾害群测群防实施分层管理、上下互动、部门联动的共同防范体系，如图9-6所示。

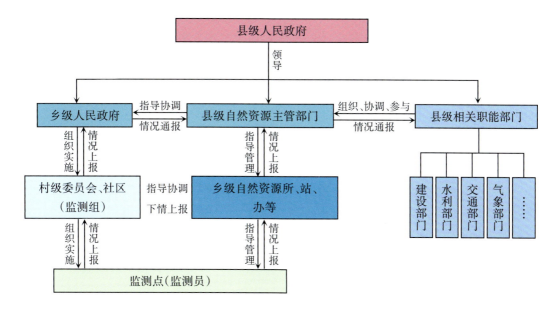

图9-6　地质灾害群测群防体系构成简图

组织领导：县、乡两级人民政府。

技术指导：自然资源部门和相关技术业务单位。

防灾主体：企事业单位、广大群众。

防灾对象：滑坡、崩塌、泥石流、地面塌陷、地裂缝等地质灾害隐患点（区）。

预防措施：常态化（简易）监测其前兆和动态，及时发现、快速预警、有效避灾等。

经过20来年的完善发展，当前在我国地质灾害易发易灾区，已基本落实群测群防体系，完成了高标准化的群测群防"十有县"建设，确立了办事机构与常态化运行机制，建立了地质灾害隐患点（区）档案，设立了灾害警示牌、避险路线牌，安装了监测预警仪器设备，对受威胁村户、单位等逐一发放填写了地质灾害避险明白卡，并划定了应急撤离（疏散）路线和避难场所等。

通过群测群防体系建设不断加强安全责任管理，建立各级地质灾害巡查预警体系，选培固定的监测、预警人员，实行汛期全天候滚动值守，编制相应级别地质灾害年度防治方案和典型地质灾害隐患点应急预案，不定期组织地质灾害应急演练和科普指导，以最大程度地提高全民、全社会自救互救的意识和识灾避灾、防灾减灾的能力。

9.3 群测群防体系建设的主要任务

（1）配合专业队伍查明地质灾害的发育状况、分布特征规律及危害程度，提出纳入监测巡查范围的地质灾害隐患点（区），编制监测巡查方案；

（2）明确各级政府及部门的防灾责任，建立防灾责任制；

（3）确定群测群防人员，进行监测知识及相关防灾知识培训，建立个人档案，明确任务和责任；

（4）编制年度地质灾害防治方案和隐患点（区）防灾预案，发放地质灾害防灾工作明白卡和避险明白卡，建立各项防灾制度；

（5）通过排查、巡查和实时监测，掌握地质灾害隐患点（区）的动态情况，在出现灾害前兆、致灾体突然变形或持续变形较大时，进行临灾预报、预警和及时上报；

（6）建立辖区内地质灾害隐患点（区）的排查档案、隐患点监测原始资料及隐患区巡查的档案资料库，并及时更新。保护监测、预警和警示设施（备）；

（7）组织编制和实施突发性地质灾害应急预案（包括应急演练）等。

9.4 群测群防体系建设中的主要工作

1.地质灾害隐患点（区）的确定与撤销

隐患点（区）的主要确定对象有：居民房前屋后高陡边坡的坡肩及坡脚地带；邻近居民点自然坡度大于25°的斜坡及坡脚地带；居民区上游的沟谷及沟口地带；有居民点的江、河、湖、水库侵蚀岸坡的坡肩地段、滩涂及其他一切可能受地质灾害潜在威胁的地带，如图9-7和图9-8所示。

隐患点（区）的主要确定方法及原则：在专业人员对崩塌、滑坡、泥石流、地面塌陷、地裂缝等类的地质灾害点进行调查的基础上确定；对群众通过各种方式报灾的点，应由技术人员或专家组调查核实后确定；由日常巡查和其他工作中发现的有潜在变形迹象且对人员和财产构成威胁的地质致灾体，经专业人员核实后确定，如图 9-9 所示。

图 9-7 划定的地质灾害危险区警示牌

图 9-8 确定的地质灾害隐患点警示牌

图 9-9 专业人员确定的崩塌滑坡灾害隐患监测区标识牌

隐患点（区）的撤销原则：对已经实施工程治理、移民搬迁、土地整治等措施的地质灾害群测群防点（区），经核实确定险情已经消除或得到了有效控制，应当及时报经原批准部门批准撤销。

2.群测群防责任制度的建立

一般地，县（市）、乡（镇）两级人民政府、村（居）民委员会和企事业单位为群测群防的责任单位，其相关负责人为群测群防的责任人。

对各级的防灾责任应当以责任状的形式具体明确，对工作内容及要求、失职渎职责任追究等应做出规定。如县（市）人民政府与乡（镇）人民政府签订群测群防责任制；乡（镇）人民政府与村（居）民委员会签订群测群防责任制。此外，地质灾害防灾工作明白卡和防灾避险明白卡中应明确相应的责任人。

3.群防群测人员的选定条件、确定程序、管理和培训

群测群防人员的选定条件：要具有一定的文化程度，能较快掌握简易测量方法；责任心强，热心公益事业；长期生活在当地，对地质灾害隐患及周围环境较为熟悉；身体健康，能胜任监测预警工作等，如图9-10所示。

图9-10　群测群防人员选定与培训

群测群防人员的确定程序：应以发育有地质灾害隐患的自然村〔村（居）民委员会和企事业单位〕为单位，由村支两委等基层组织采取公开推选的办法，每个监测点推选不少于1名符合条件的村级干部、党员或群众骨干作为候选对象，报乡（镇）人民政府（街道办）同意，经县级自然资源主管部门批准，并以一定形式公示无异议后，确定为该地质灾害隐患点（区）的群测群防员。村（居）民对群测群防员的工作具有监督权。

群测群防人员的日常管理：确定的群测群防人员由县级自然资源部门和乡（镇）人民政府共同管理，并由乡（镇）人民政府与监测预警人员签订责任书，明确双方的责任和权益。县级自然资源部门和乡（镇）人民政府对监测预警人员履职情况进行监督与定期考核。当监测预警人员因特殊情况发生变动或经考核不称职时，应及时予以更新、解聘，增补符合条件的监测预警员，确保群测群防体系及工作制度的健全与良好运行。

群测群防人员的技能培训：由县级人民政府负责，县级自然资源部门组织进行定期或不定期培训。培训的主要内容应包括地质灾害防治基本知识、简易监测方法、巡查内容及其记录方法，常见灾害的前兆识别、临灾的一般应急措施、各项防灾制度和规定、群测群防员的职责等。

应给监测人员配发的简易监测预警设备主要有：卷（直）尺、防水手电筒、雨伞、雨衣、雨鞋、口哨（话筒、锣）、电话、背包、工作日志本等（图9-11）。

图9-11　群测群防监测人员部分装备示例

4.十二项工作制度的建设

（1）防灾预案制度

防灾预案包括年度地质灾害防治方案和隐患点（区）的防灾预案。一般由自然资源所、站或基层管理部门等根据区内地质灾害分布发育情况编制本辖区年度地质灾害防治方案，并会同隐患点所在村（居）民委员会、企事业单位逐点（区）编制防灾预案，报本级人民政府、属地自然资源局批准并公布实施。防灾预案文本应明确防灾责任，规定警报信号、撤离路线、临时避险场所等（图9-12、图9-13），且应根据实际情况变化及时进行修订。

图9-12　应急撤离疏散路线确定

图9-13　临时应急避险场所确定

（2）"两卡"发放制度

"两卡"是指地质灾害防灾工作明白卡和地质灾害避险明白卡（图9-14、图9-15）。一般由县级人民政府自然资源部门会同乡（镇）人民政府组织填制，其中地质灾害防灾工作明白卡由乡（镇）人民政府发放给防灾责任人，地质灾害避险明白卡由隐患点所在村（居）民委员会负责发放给受灾害隐患威胁的相关居民户，并向持卡人说明其内容及使用方法，对持卡人进行登记造册，建立"两卡"档案等。

滑坡泥石流等地质灾害防灾工作明白卡

编号: 2

灾害基本情况	灾害位置	永建镇永安墨家营				
	类型及其规模	山体滑坡（小型）				
	诱发因素	雨水渗透、切坡开挖、山洪暴涨、地质运动				
	威胁对象	墨正昌、墨正林、墨正祥				
监测预报	监测负责人	墨正东 墨绍宝	联系电话	15808724522 15887338228		
	监测的主要迹象	滑坡体裂距	监测主要内容、手段及方法	裂缝两侧打桩、进行裂缝观测		
	临灾预报判据	连续降雨、山洪暴涨、山体蠕动、树枝倾斜				
应急避险撤离	预定避灾地点	避开隐患点的开阔地带	预定疏散路线	隐患点侧面的山路	预定报警信号	哨声、锣声
	疏散命令发布人	墨正东 墨绍宝	值班电话	15808724522 15887338228		
	抢险单位及负责人	永建镇人民政府	值班电话	6338678		
	治安保卫单位及负责人	永建派出所	值班电话	6380114		
	医疗救护单位及负责人	永建卫生院	值班电话	6380127		

本卡发放单位：永建镇人民政府　　　　持卡单位或个人：

（盖章）

联系电话：6338678　　　　　　　　　　联系电话：
日　　期：2017 年 4 月 26 日　　　　　日　　期：2017 年 4 月 26 日

（此卡发放至地质灾害负责单位和责任人）　中华人民共和国国土资源部印制

图 9-14 地质灾害防灾工作明白卡

崩塌、滑坡、泥石流等地质灾害防灾避险明白卡

编号: 003-17

图 9-15 地质灾害防灾避险明白卡

（3）"三查"制度

"三查"是指要对辖区内进行的汛前排查、汛中巡查、汛后核查（图9-16、图9-17）的相关范围、内容、方法和发现隐患时的具体处理方法等做出相应的规定。

图9-16　领导专家现场排查调查

图9-17　领导专家现场巡查检查

（4）日常监测制度

地质灾害监测制度主要是对监测时机、监测方法、监测频次、监测数据记录及报送程序等的规定，如图9-18—图9-20所示。

图9-18　埋桩法简易监测滑坡裂缝

图9-19　山洪泥石流沟道定点监测

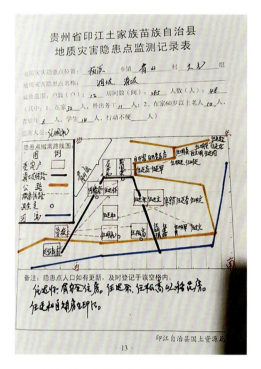

图9-20 监测数据的记录模式之一

（5）预报预警制度

预报预警制度主要是规定预报地质灾害可能的发生时间、地点、范围、等级和影响程度，以及预警产品的制作、会商、审批、发布等程序。地质灾害的预报一般由各级自然资源主管部门会同气象部门发布，紧急状态下可授权监测人员代为发布；可在当地电视台、广播电台、有线广播等公众新闻媒体的气象预报栏目中播报，也可通过电子终端显示屏、手机短信、电话叫应、登门通知等方式进行，如图9-21、图9-22所示。

图9-21 电视台天气预报发布地质灾害信息

图 9-22　手机短信、专用程序发布地质灾害预警信息

（6）汛期值班制度

地质灾害易发易灾地区，应在汛期灾害高发、多发和非汛期的特殊、紧急情况下，实行地质灾害应急 24 小时值班（守）制度，对各级防灾责任人员值班的地点、时间、联系方式和任务等做出详细规定。

（7）险情通报制度

地质灾害险情通报制度是指对可能发生滑坡、崩塌、泥石流、地面塌陷、地裂缝等地质灾害的隐患点（区），当在预测到受降水等因素诱发下，有可能发生灾害且直接危及人民生命和财产安全时，应向相关防灾责任单位，受威胁的住户、人员和单位，以及险情所在地各级人民政府等通知报告的制度。通报内容一般包括地质灾害隐患的位置、类型、规模、形成原因、可能诱发因素、主要险情、潜在危害、防灾措施建议等，如图 9-23 所示。

图 9-23　崩、滑、流等突发性地质灾害险情通报文件编制

（8）灾情报告制度

地质灾害灾情报告制度主要包括速报制度和月报制度。

灾情速报制度是指当县级地质灾害主管部门接到：①突发特大型、大型或造成人员伤亡或失踪的地质灾害灾情报告后，要在30分钟内电话报告、4小时内书面速报县级人民政府和省、市地质灾害主管部门，并随时续报后续情况。对造成重大人员伤亡的地质灾害，应同时上报国家地质灾害主管部门。②发生中、小型地质灾害报告后，应在6小时内逐级报告县级人民政府和省、市地质灾害主管部门。速报的内容主要包括地质灾害发生的时间、地点、原因，以及地质灾害的类型、规模、所造成的直接经济损失和发展趋势等。对造成人员伤亡或失踪的地质灾害，速报内容还应包括伤亡或失踪人数等重要信息，如图9-24所示。

北京市突发地质灾害速报表

发生地点	区（县） 镇（乡） 行政村
发生时间	年 月 日 时 分
灾害类型	□泥石流□地面塌陷□滑坡□崩塌 其他：
伤亡情况	死亡 人、受伤 人、失踪 人
直接经济损 失	
报告单位	
填表人	联系电话

注：直接经济损失毁坏房屋、水电气路及通讯等基础设施 大牲畜、林木等。

图9-24 突发性地质灾害灾情速报信息示意

灾情月报制度是指县级自然资源部门要安排专人在每月下旬（一般为25日）将本行政区域内一月来发生的所有地质灾害和成功预报地质灾害的情况，按照相关文件要求和规定汇总后上报当地人民政府和省、市自然资源部门，省、市自然资源部门分别负责对所属辖区内当月地质灾害相关数据统计汇总并统一上报的管理制度。

（9）宣传培训制度

各级地质灾害主管部门应制订属地灾害防治知识宣传培训的年度计划，对宣传培训的目的、时间、对象、内容、形式、经费保障等措施作出部署安排。通过广泛深入开展地质灾害防治知识宣传培训，大力宣传地质灾害防治法规政策，宣扬地质灾害防治工作中涌现出的先进典型事迹，普及识灾避灾知识，增强全民防灾意识，不断提高全民自救、互救能力。

宣传培训工作的重点对象应是受地质灾害威胁的居民群众和群测群防人员。群测群防人员每年应至少培训一次，新替换或增补的群测群防人员应先培训后上岗（图9-25）。各地要充分利用电视、广播、报刊、互联网、手机等信息传播途径（图9-26），不断创新宣传培训形式，努力扩大宣传培训范围，提高宣传培训效果，尽可能达到全员覆盖，做到受训人员"四应知"和"四应会"。

图9-25　群测群防监测预警员技能培训

图9-26　地质灾害宣传挂图展示

"四应知"：知道辖区内灾害点数、具体地点、灾害规模、影响户数与人数；知道各灾点的转移路线、具体应急临时安置地点和听谁指挥；知道灾害点发生变化时如何上报；知道各监测阶段的时间与次数。

"四应会"：会在灾害点的主要位置设置监测标尺和标点，并实施监测；会3种简易监测方法，并可利用简易监测工具进行测量；会记录、分析监测数据，并作出初步判断；会采取措施进行临灾时的应急处置。

（10）应急演练制度

地方各级政府原则上需每年开展一次地质灾害综合应急演练；经批准纳入地质灾害群测群防网络体系的隐患点（区），每年汛前应至少组织一次应急演练。参与演练的对象主要包括本级应急指挥部相关成员单位、受地灾害威胁的居民群众或学校师生或企事业单位人员等。模拟演练应贴近实战、厉行节约、注重实效、确保安全，提倡开展应急避险疏散演练，必要时也可安排在雨中、夜间演练，使演练环境更贴近实况。

（11）档案管理制度

县、乡、村级组织应当建立档案管理制度，对年度防灾方案、隐患点防灾预案、突发性应急预案、"两卡"、各项制度及相关文件进行汇编，对各项基础监测资料、值班记录和历任监测预警人员信息等实施分类、分年度建档入库管理（图9-27、图9-28）。

图9-27 群测群防记录本

图9-28 群测群防纸质档案整理

（12）总结制度

县、乡、村级组织应当实施群测群防年度工作总结制度，定期对体系运行情况、防灾效果、存在的问题进行总结、分析和处理，提出下一步工作建议，并对做出突出贡献的单位和个人进行表彰（图9-29、图9-30）。

图9-29　先进单位和个人表彰大会

图9-30　奖赏群测群防监测预警有功人员

5.信息系统建设

地质灾害群测群防信息系统是利用先进探（观）测设备、现代网络信息技术、人工智能（AI）和计算机专业软件控制系统等，建立起对地质灾害进行科学高效管理的重要科技平台，将是今后地质灾害"人防+技防"综合监测预警预报工作的主流发展方向之一。县级人民政府应当建立地质灾害群测群防管理信息系统，将地质灾害防治工作机构和应急指挥体系及群测群防网络数据、防灾责任人和监测人及监测点的基本信息、监测数据和年度地质灾害防治方案及隐患点（区）防灾预案、"两卡"等信息纳入计算机数据平台，方便监测数据录入、更新、查询、统计、分析等，最终实现群测群防体系相关信息的动态化管理及大数据共享、大模型分析，见图9-31。

图9-31 基于信息化平台的地质灾害远程会诊、研判

9.5 落实群测群防工作的主要做法

根据地质灾害隐患点（区）的变形趋势，确定地质灾害监测点，落实监测点的防灾预案，发放防灾工作明白卡和避险明白卡等。同时，县（市）、乡（镇）、村（社区）层层签订地质灾害防治责任状，从县（市）、乡（镇）政府的管理责任人一直落实到村（社区）、组（民委员会）的具体监测责任人，从而形成一级抓一级、层层抓落实的管理体系和受威胁对象高度自救、互救的机制（图9-32）。

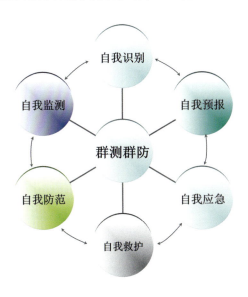

图9-32 以群测群防"六个自我"机制保障防灾减灾高效落实

9.6　群测群防成功预报避险的典型案例

1.甘肃永靖黑方台"9·5"滑坡避险案例

甘肃省永靖县盐锅峡镇黑方台台塬自1984年以来共发生过大小滑坡灾害50余起，成为近年来甘肃省滑坡灾害频繁发生的最为集中和严重的地段，素有（黄土）滑坡"天然实验室"之称。黑方台滑坡危险性大、危害严重，对台上和台下的村庄、农田、公路、乡镇企业安全构成严重威胁，目前已造成数十人伤亡，百余户村民被迫搬迁，10余公顷农田被毁，直接经济损失已超过五千万元。

2006年3月2日，永靖县国土资源局在日常监测中发现，黑方台焦家滑坡群内有3条裂缝出现，并有增大的趋势。9月1日至3日再次监测时发现3条裂缝均发展增大，同时出现了第4条裂缝，且在坡体前缘伴有掉块、小崩小塌等前兆现象。观察到这些情况后，县国土资源局及时向县抢险救灾指挥部报告险情，启动永靖县地质灾害应急预案，并在道路口设置警示牌，向险区群众发放明白卡，动员群众撤离。9月5日19时30分，盐锅峡焦家段发生滑坡（图9-33、图9-34），滑坡体积约为750 m³，造成G309公路交通中断，无人员伤亡，这主要归功于群测群防工作人员的成功监测和预警预报。

图9-33　甘肃永靖黑方台焦家多级多次滑坡灾害

图9-34 黑方台焦家段灌溉水地下作用诱发滑坡群发现象

2.甘肃文县"8·17"泥石流避险案例

2020年8月17日，因遭受百年一遇的大暴雨袭击，甘肃省陇南市文县石鸡坝镇水磨沟暴发泥石流灾害（图9-35、图9-36），8栋房屋被冲毁，23栋房屋严重受损。因预警及时，安全撤离转移3 000余人，避免了人员伤亡。2020年8月14日14时后，省、市、县自然资源部门先后发布了强降雨天气地质灾害风险预警信息。文县政府和石鸡坝镇迅速将预警信息传达至水磨沟等地质灾害隐患点的群测群防监测人员，并安排驻村干部深入各村协助开展群测群防工作。8月17日14时50分，监测预警人员听到泥石流声音，迅速采取敲锣、拉响手摇报警器等方式发布预警。驻村干部、村组负责人和民兵迅速组织受威胁的群众按照防灾预案和前期应急演练确定的路线将村民分两部分向石鸡坝镇小学及山腰寺庙进行疏散撤离。至15时10分，水磨沟1 186名受威胁群众全部撤离至安全地带。随后，泥石流暴发，冲出物堆积于水磨沟与白水江交汇处，形成堰塞湖。因监测预警及时，先后有3 000余人安全撤离转移，灾害未造成人员伤亡。

此次泥石流灾害中，区域一小时降雨100 mm，半小时内两次引发泥石流。在如此紧急情况下3 000余人能在短时间内成功转移避险，充分体现了当地灾害群测群防工作体系的高效性。临灾预警传达迅速、政府处置果断、监测及时准确、群众响应积极，以及防灾队伍可靠、常态化培训演练和紧急避险原则的落实，都为类似地区防灾减灾提供了很好的经验。

图9-35　甘肃文县"8·17"泥石流灾害受灾村镇

图9-36　甘肃文县"8·17"泥石流灾害受灾农田及村落

3.甘肃灵台"10·3"南店子村滑坡避险案例

2021年10月3日22时，甘肃省平凉市灵台县中台镇南店子村东庄社发生山体滑坡（图9-37、图9-38），造成18户443间房屋、110亩农田、G244国道450 m路段及10 kV输电线500 m路段等不同程度损毁和中断。由于群众及时撤离，未造成人员伤亡。自2021年9月以来，多次降水沿斜坡入渗，致使坡体自重增加，土体抗剪强度减弱，黄土坡体不断蠕动变形。10月3日21时48分，中台镇干部在汛期巡查时发现国道G244南店子村段出现裂缝、路灯倾斜等现象，便立即上报险情，同时通知群众紧急撤离；22时左右，山体开始整体失稳滑移。22时15分，经当地政府现场风险摸排确定，紧急动员可能受影响的区内880余名群众迅速撤离至安全地带，之后22时20分左右，坡体再次加剧滑移形成滑坡。

图9-37 甘肃灵台"10·3"南店子村滑坡灾害全貌

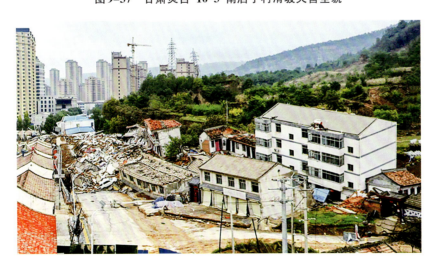

图9-38 滑坡前缘房屋、道路等破坏情况

　　该案例滑坡虽不是当地群测群防工作体系的登记在册的隐患点，但从巡查发现险情到滑动破坏发生，前后仅有半个小时左右，因研判准确、预警及时、群众撤离迅速，未造成人员伤亡。该案例被评为2021年度全国地质灾害成功避险十大典型案例之一。

4. 甘肃渭源"7·18"东坪社滑坡避险案例

　　2023年7月18日16时20分，甘肃省定西市渭源县大安乡潘家湾村东坪社北侧山体发生滑坡（图9-39—图9-41）。所幸的是在当地政府和专业人员的迅速行动下，及时将受威胁的13户24人紧急避险转移，有效避免了人员伤亡。自滑坡发生的前一天（17日）开始，大安乡境内便出现了短历时强降雨，甘肃省自然资源厅发布了地质灾害气象黄色预警，渭源县自然资源局接到信息后立即通知驻地防灾单位加强了巡查排查。到18日15时，群测群防人员在雨后巡查核查时，发现北部区域的宋家梁头山体出现了一长约1km的大裂缝，立即敲锣预警并电话告知相关人员。接到预警后，大安乡政府立即向渭源县自然资源局上报险情，同时迅速组织群众撤离。相关领导和专业技术人员迅速赶赴现场，初步研判了滑坡的可能规模并划定了危险区范围，指导和帮助受威胁的13户24人迅速撤离，并安排专人对该斜坡进行24小时监测预警。于16时20分许，不稳定斜坡开始整体滑动，形成滑坡灾害。

图9-39　甘肃渭源"7·18"东坪社滑坡灾害全貌

图 9-40　滑坡前缘

图 9-41　滑坡后缘

　　此次滑坡灾害的成功避险，得益于部门联动、上下互动的科学有效防灾机制。省、市、县三级自然资源部门针对短时强降雨天气，发布精细化气象风险预警信息；基层网格员收到预警信息后，严格落实汛期"三查"和信息速报制度；地方政府响应迅速，果断启动应急预案，快速组织危险区内群众紧急避险；驻守单位快速科学研判灾害发展趋势，一环扣一环的有效举措有力保障了人民群众的生命财产安全。甘肃渭源"7·18"东坪社滑坡避险已入选2023年度全国地灾成功避险十大典型案例，成为全国地质灾害群测群防体系工作中对照参考和学习的典范。

第10章 应急预案

10.1 突发性地质灾害应急预案

所谓应急是指需要立即采取某些超出正常工作程序的行动，以避免事故发生或者减轻事故后果的状态，有时也称为紧急状态。为统一部署、协调组织和领导全国应急工作，我国自2018年3月起，专门成立了国务院应急管理部和地方各级政府应急管理机构，专门负责国家应急管理事务。

从某种意义上讲，应急预案可以说是预防灾害、尽最大可能减轻灾害损失的最后一道"防线"，也是地质灾害等突发性事件发生时最为科学有效的行动指南。

突发性地质灾害应急预案（简称"应急预案"）是指经一定程序事先制定的应对突发性地质灾害（崩塌、滑坡、泥石流等）的行动方案。

编制应急预案，是贯彻落实地质灾害防治工作"预防为主"总方针的重要举措。科学、合理、可行、符合实际的应急预案对紧急情况下减轻地质灾害损失，特别是减少人员伤亡具有十分重要的意义，如图10-1所示。

图10-1 应急预案的"三大"突出功能

10.2　应急预案的分级、编制与审批

为了使各级政府在编制突发性地质灾害应急预案时能够坚持"统一领导、分级管理、分工负责、协调一致"的基本原则,我国目前对突发性地质灾害应急预案的编制主要按如表10-1所列四个不同层级的行政级别进行,应急预案编制的一般化工作流程如图10-2所示。

表10-1　地质灾害应急预案分级及编制、审批规定

分级	主要编制单位	审批部门
国家级	应急管理部、自然资源部主管部门会同国家住建、水利、交通、气象、生态环境等部门编制	国务院批准后公布实施
省级	应急管理厅(局)、自然资源厅(局)主管部门会同省住建、水利、交通、气象、生态环境厅等部门编制	省人民政府批准后公布实施
市级	应急管理局、自然资源局会同市住建、水利、交通、气象、生态环境局等编制	市人民政府批准后公布实施
县级	应急管理局、自然资源(分)局会同县住建、水利、交通、气象、生态环境(分)局等编制	县人民政府批准后公布实施

图10-2　地质灾害应急预案编制工作流程图

10.3 应急预案的编制格式及主要内容

以下所列应急预案文本编制的主要内容及其书面格式属一般化的参考模式（详细编制内容可参见附录一）。在具体编制过程中，可根据实际情况和需要相应地增删有关章节，以使预案更加科学合理、贴合实际、可操作性强。

一般化书面格式及主要内容（编制大纲）：

1 总则

1.1 编制目的

1.2 编制依据

1.3 适用范围

1.4 工作原则

2 组织体系和职责任务

3 预防和预警机制

3.1 预防预报预警信息

3.2 预防预警行动

3.3 严格执行地质灾害速报制度

4 地质灾害险情和灾情分级

5 应急响应

5.1 特大型地质灾害险、灾情应急响应（Ⅰ级）

5.2 大型地质灾害险、灾情应急响应（Ⅱ级）

5.3 中型地质灾害险、灾情应急响应（Ⅲ级）

5.4 小型地质灾害险、灾情应急响应（Ⅳ级）

5.5 应急响应结束

6 部门职责

6.1 紧急抢险救灾

6.2 应急调查、监测和治理

6.3 医疗救护和卫生防疫

6.4 治安、交通和通信

6.5 基本生活保障

6.6 信息收集和报送

6.7 应急资金保障

7　应急保障

7.1　应急队伍、物资、装备保障

7.2　通信与信息传递

7.3　应急技术保障

7.4　宣传与培训

7.5　信息发布

7.6　监督检查

8　预案管理和更新

8.1　预案管理

8.2　预案更新

9　责任与奖惩

9.1　责任追究

9.2　奖励

10　附则

10.1　名词术语的定义与说明

10.2　预案解释部门

10.3　预案的实施

10.4　应急预案的演练

突发性地质灾害应急演练是指在地质灾害险情、灾情未发生之前，预先模拟突发性地质灾害发生条件，县级及以上人民政府按照应急预案的内容，组织模拟演习应急预案的各项程序，使预定方案转化为实际行动，做到未雨绸缪、有备无患（图10-3—图10-10）。

图 10-3　演练现场指导

图 10-4　疏散、撤离群众

图 10-5　解救儿童、老人

图 10-6　协助工作人员撤离

图 10-7　模拟抢救伤员

图 10-8　演练观摩团

图10-9　演练前动员

图10-10　发号演练指令

　　参与演练的对象主要包括本级应急指挥部相关成员单位、受演练地地质灾害威胁的居民群众或学校师生或企事业单位干部职工等；演练应贴近实战、厉行节约、注重时效、确保安全。同时，也应提倡乡镇开展应急避险疏散演练，必要时也可安排雨中、夜间等环境的演练，使应急演练尽可能切合实况。

　　应急演练可以提高各级政府和有关部门应对突发地质灾害的应急抢险能力，锻炼应急抢险队伍的实际应战能力，提高广大人民群众的防灾避灾意识，使应急预案机制得到实战磨合，充分发挥其相互联动性、协调性和可操作性。通过应急演练，一旦真正临灾，便能迅速、有序、有效地进行安全疏散、撤离和避让等，从而最大限度地减轻地质灾害造成的损失，维护人民群众生命、财产的安全；同时还可以检验应急预案的可行性，及时发现预案中的不足和缺陷，以不断完善修订预案。

10.5　应急预案的响应

应急响应是在出现紧急情况时的一种快速行动（图 10-11），事先有了完善、可操作的应急预案，一旦出现紧急情况可根据应急预案有序、有效地进行援救，以最大程度地控制局面、减少伤亡和损失。

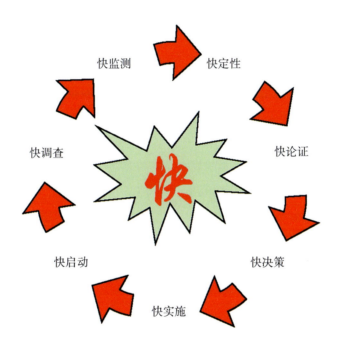

图 10-11　落实应急预案的"八快"响应要求

突发性地质灾害应急响应是指在地质灾害险情、灾情发生后，县级及以上人民政府应当立即启动并组织实施相应的应急预案，即对已编制完善审批后应急预案的启动与落实（一般遵循分级响应程序，可根据地质灾害的等级确定相应的响应机制）。有关地方人民政府在实施应急方案的同时也应及时将灾情及其发展趋势等信息报告上级人民政府。对于隐瞒、谎报或授意他人隐瞒、谎报地质灾害险情、灾情者要严格追究其法律责任。

第11章 防治规划

11.1 地质灾害防治规划

地质灾害防治规划是指根据目前地质灾害的现状和面临的形势，提出未来一段时期内（一般为5年）对地质灾害防灾减灾工作的部署及保障措施。地质灾害防治规划的编制依据是区域地质环境、地质灾害调查结果和更高一级（地方规划应符合上位规划）地质灾害的防治规划，同时所编制的规划也要与相应的国民经济和社会发展计划、生态环境保护规划、防灾减灾规划等相匹配。

地质灾害防治规划是防治地质灾害的基础性工作和重要科学依据。切实可行的地质灾害防治规划对主动开展地质灾害预防治理工作，有效避免和减轻地质灾害给人民生命和财产带来损失等方面，具有十分重要的意义。

我国不同级别地质灾害防治规划的编制、论证和批准发布情况见表11-1所列。

表11-1 地质灾害防治规划的编制、审批规定

级别	编制	论证	批准、发布
全国性	自然资源部会同国家住建、水利、交通、应急等部门进行编制	自然资源部组织有关专家论证通过	国务院批准发布
省级	自然资源厅（局）会同省级住建、水利、交通、应急等部门进行编制	自然资源厅（局）组织有关专家论证通过	省人民政府批准发布
市级	自然资源局会同市级住建、水利、交通、应急等部门进行编制	自然资源局组织有关专家论证通过	市人民政府批准发布
县级	自然资源（分）局会同县级住建、水利、交通、应急等部门进行编制	自然资源（分）局组织有关专家论证通过	县人民政府批准发布

由于受经济社会、防灾减灾新理论新技术的不断发展和气候、地质环境条件、人类活动等的不断变化影响，地质灾害基础调查工作及成果会不断更新、调整，地质灾害防治规划也需随之进行修改，为确保规划文本修改的严肃性，修改后的规划应当报经原批准机关批准，任何单位和个人不得随意修改。

11.2　规划文本的编制格式及主要内容

地质灾害防治规划文本的一般化书面格式及编制大纲如下（详细编制内容可参见附录二），仅作为参考。具体编制时可根据编制级别和当地实际情况对格式、内容适当增删、变更，以使编制的规划总体达到：目标可实现、原则正确、工作任务及部署可行、经费合理。

前言

一、地质灾害防治现状与形势

（一）地质灾害分布现状

（二）"十三五"防治成效

（三）"十四五"防治形势

二、规划的指导思想、基本原则和规划目标

（一）指导思想

（二）基本原则

（三）规划目标

三、防治区划

（一）地质灾害易发区

（二）地质灾害防治分区

四、地质灾害防治工作部署

（一）调查评价

（二）监测预警

（三）综合治理

（四）应急支撑

（五）能力建设

五、投资估算和资金筹措

（一）投资估算

（二）资金筹措

六、环境影响与效益评估

（一）社会效益评价

（二）经济效益评价

（三）生态效益评价

七、保障措施

（一）加强组织领导，明确责任分工

（二）坚持依法防治，完善制度体系

（三）拓宽筹资渠道，加强资金保障

（四）重视监督考核，确保工作落实

（五）依靠科技进步，实现科学防灾

（六）加强宣传培训，增强防灾意识

一般附件（可据实选择）：

1.某县"十四五"地质灾害防治规划编制说明（略）

2.某县"十四五"地质灾害防治规划专题研究报告（略）

一般附图（可据实选择）：

1.某县地质灾害分布图（略）

2.某县地质灾害易发性分区图（略）

3.某县地质灾害防治规划图（略）

第12章　年度方案

12.1　年度地质灾害防治方案

年度地质灾害防治方案（以下简称"年度方案"）是指县级以上（含县级）地方人民政府自然资源主管部门会同同级住建、水利、交通等行业部门，依据地质灾害防治规划执行情况以及上一年度地质灾害发生情况，对本行政区域本年度内可能发生的地质灾害防治工作进行总体部署和安排。

不同行政级别的年度方案在内容上各有侧重。一般地，省级的年度方案主要突出区域地质灾害预报，同时兼顾重大地质灾害隐患点的防治；市、县级的年度方案主要以重要地质隐患点的防治和减灾措施为重点。年度方案文本必须报本级人民政府批准后方可公布实施。

12.2　年度方案的编制格式及主要内容

年度方案文本的一般化书面格式及编制大纲如下（详细编制内容可参见附录三），仅作为参考。具体编制时可根据当地实际情况对格式、内容进行适当增删、优化变更，以使年度方案更切实可行、科学高效。

一、地质灾害基本情况

（一）地质灾害的类型及分布

（二）上一年度地质灾害防治情况

（三）本年度地质灾害发展趋势预测

二、地质灾害重点防治时段和区域

（一）地质灾害重点防治时段

（二）地质灾害重点防治区域

三、本年度主要防治工作

（一）调查评价

（二）监测预警

（三）综合治理

（四）应急能力建设

四、保障措施

（一）认真落实地质灾害防治管理法规、规划和制度

（二）加强地质灾害防治组织领导

（三）明确分工、加强责任、加强监督和执法检查

（四）加强地质灾害防治专项资金保障

（五）加强地质灾害危险性评估工作

附件：

1.某县本年度地质灾害工程治理一览表（略）

2.某县本年度重要地质灾害监测点一览表（略）

第13章 法规条文

为系统地了解我国在地质灾害防治及地质环境保护方面的一系列法规条例、管理规定等，以下分国家和地方两个层面，对主要的法规条文信息进行了汇总编录。

13.1 国家发布适用于全国的主要法规条文

（1）1999年3月2日起施行的《地质灾害防治管理办法》[中华人民共和国国土资源部令第4号发布，而2005年4月6日发布的《国土资源部关于废止部分部门规章的决定》（中华人民共和国国土资源部令第28号）已宣布废止该办法]；

（2）2001年5月12日起施行的《关于加强地质灾害防治工作意见》（国办发〔2001〕35号）；

（3）2004年3月1日起施行的《地质灾害防治条例》（中华人民共和国国务院令第394号发布；为适应新时代的需求，该条例于2021年被列入国家立法工作计划的论证储备类项目，计划修订中）；

（4）2004年3月25日起施行的《国土资源部关于加强地质灾害危险性评估工作的通知》（国土资发〔2004〕69号）；

（5）2006年4月发布的《县（市）地质灾害调查与区划基本要求（实施细则）》（修订稿）（中华人民共和国国土资源部发布）；

（6）2009年5月1日起施行的《矿山地质环境保护规定》（2009年3月2日中华人民共和国国土资源部令第44号发布；

（7）2010年7月16日起实施的《国务院办公厅关于进一步加强地质灾害防治工作的通知》（国办发明电〔2010〕21号）；

（8）2010年9月1日起施行的《自然灾害救助条例》（2010年7月8日中华人民共和国国务院令第577号发布；根据2019年3月2日《国务院关于修改部分行政法规的决定》修订，中华人民共和国国务院令第709号发布）；

（9）2011年6月13日起施行的《国务院关于加强地质灾害防治工作的决定》（国发

〔2011〕20号〕；

（10）2014年7月1日起施行的《地质环境监测管理办法》（中华人民共和国国土资源部令第59号发布）；

（11）2014年5月19日发布实施的《国土资源部关于开展地质灾害防治知识宣传教育培训活动的通知》（国土资电发〔2014〕20号）；

（12）2015年5月11日起施行的《国土资源部关于修改〈地质灾害危险性评估单位资质管理办法〉等5部规章的决定》（中华人民共和国国土资源部令第62号）；

（13）2023年1月1日起施行的《地质灾害防治单位资质管理办法》（中华人民共和国自然资源部令第8号发布）。

13.2 省（区、市）发布的地方性条例和管理办法

（1）1996年1月26日起施行的《宁夏回族自治区地质灾害防治管理办法》（宁政发〔1996〕16号）（为了维护社会主义法制统一，认真贯彻实施《中华人民共和国行政许可法》，该管理办法已经2006年3月1日宁夏回族自治区人民政府第七十二次常务会议审议废止）；

（2）1996年11月1日起施行的《上海市地面沉降监测设施管理办法》（1996年8月21日上海市人民政府第32号令发布）；

（3）1997年1月1日起施行的《天津市地质灾害防治管理办法》（天津市人民政府令第71号发布，该管理办法于2004年6月21日经天津市人民政府第30次常务会议修订）；

（4）1997年11月21日起施行的《海南省地质环境管理办法》（1997年9月29日海南省人民政府第一百五十七次常务会议通过，第107号令发布）；

（5）1999年3月1日起施行的《河北省地质环境管理条例》（1998年12月26日河北省第九届人民代表大会常务委员会第六次会议通过，而2020年7月30日河北省第十三届人民代表大会常务委员会第十八次会议已废止该条例）；

（6）2001年8月1日起施行的《湖北省地质环境管理条例》（2001年5月31日湖北省第九届人民代表大会常务委员会第二十五次会议通过，根据2016年12月1日湖北省第十二届人民代表大会常务委员会第二十五次会议《关于集中修改、废止部分省本级地方性法规的决定》第一次修正，根据2018年11月19日湖北省第十三届人民代表大会常务委员会第六次会议《关于集中修改、废止省本级生态环境保护相关地方性法规的决定》第二次修正）；

（7）2002 年 1 月 1 日起施行的《云南省地质环境保护条例》（2001 年 7 月 28 日云南省第九届人民代表大会常务委员会第二十三次会议通过，根据 2015 年 9 月 25 日云南省第十二届人民代表大会常务委员会第二十次会议《云南省人民代表大会常务委员会关于废止和修改部分地方性法规的决定》第一次修正，根据 2018 年 11 月 29 日云南省第十三届人民代表大会常务委员会第七次会议《云南省人民代表大会常务委员会关于废止和修改部分地方性法规的决定》第二次修正）；

（8）2002 年 3 月 1 日起施行的《湖南省地质环境保护条例》（2002 年 1 月 24 日湖南省第九届人民代表大会常务委员会第二十七次会议通过，湖南省第十三届人民代表大会常务委员会第八次会议修订）；

（9）2003 年 5 月 1 日起施行的《西藏自治区地质环境管理条例》（2003 年 3 月 28 日西藏自治区第八届人民代表大会常务委员会第二次会议通过）；

（10）2003 年 9 月 1 日起施行的《内蒙古自治区地质环境保护条例》（2003 年 7 月 25 日内蒙古自治区第十届人民代表大会常务委员会第四次会议通过，根据 2012 年 3 月 31 日内蒙古自治区第十一届人民代表大会常务委员会第二十八次会议《关于修改部分地方性法规的决定（五）》修正，2021 年 7 月 29 日内蒙古自治区第十三届人民代表大会常务委员会第二十七次会议修订）；

（11）2003 年 9 月 1 日起施行的《山东省地质环境保护条例》（2003 年 7 月 25 日山东省第十届人民代表大会常务委员会第三次会议通过，根据 2004 年 11 月 25 日山东省第十届人民代表大会常务委员会第十一次会议《关于修改〈山东省人才市场管理条例〉等十件地方性法规的决定》第一次修正，根据 2018 年 11 月 30 日山东省第十三届人民代表大会常务委员会第七次会议《关于修改〈山东省大气污染防治条例〉等四件地方性法规的决定》第二次修正）；

（12）2004 年 2 月 1 日起施行的《青海省地质环境保护办法》（2003 年 12 月 3 日青海省人民政府令第 37 号公布，根据 2009 年 11 月 6 日青海省人民政府第四十九次常务会议审议通过，根据 2009 年 11 月 23 日青海省人民政府令第 72 号发布的《青海省人民政府关于修改〈青海省地质环境保护办法〉的决定》修订）；

（13）2006 年 5 月 1 日起施行的《广西壮族自治区地质环境保护条例》（2006 年 3 月 30 日广西壮族自治区第十届人民代表大会常务委员会第十九次会议通过，根据 2019 年 7 月 25 日广西壮族自治区第十三届人民代表大会常务委员会第十次会议《关于修改〈广西壮族自治区环境保护条例〉等二十一件地方性法规的决定》修正）；

（14）2007 年 3 月 1 日起施行的《贵州省地质环境管理条例》（2006 年 11 月 24 日贵州省第十届人民代表大会常务委员会第二十四次会议通过，根据 2017 年 11 月 30 日贵州省第十二届人民代表大会常务委员会第三十二次会议通过的《贵州省人民代表大会常务委员会关于修改〈贵州省建筑市场管理条例〉等二十五件法规个别条款的决定》第一次修正，根据 2018 年 11 月 29 日贵州省第十三届人民代表大会常务委员会第七次会议通过的《贵州省人民代表大会常务委员会关于修改〈贵州省大气污染防治条例〉等地方性法规个别条款的决定》第二次修正）；

（15）2007 年 11 月 1 日起施行的《重庆市地质灾害防治条例》（2007 年 9 月 28 日重庆市第二届人民代表大会常务委员会第三十三次会议通过，2020 年 6 月 5 日重庆市第五届人民代表大会常务委员会第十八次会议修订）；

（16）2007 年 12 月 1 日起施行的《安徽省矿山地质环境保护条例》（2007 年 6 月 22 日安徽省第十届人民代表大会常务委员会第三十一次会议通过）；

（17）2007 年 12 月 1 日起施行的《辽宁省地质环境保护条例》（2007 年 9 月 28 日辽宁省第十届人民代表大会常务委员会第三十三次会议通过，根据 2014 年 9 月 26 日辽宁省第十二届人民代表大会常务委员会第十二次会议《关于修改部分地方性法规的决定》第一次修正，根据 2018 年 3 月 27 日辽宁省第十三届人民代表大会常务委员会第二次会议《关于修改〈辽宁省实施《中华人民共和国森林法》办法〉等部分地方性法规的决定》第二次修正，根据 2023 年 11 月 14 日辽宁省第十四届人民代表大会常务委员会第六次会议《关于修改〈辽宁省实施《中华人民共和国水法》办法〉等六部地方性法规的决定》第三次修正）；

（18）2009 年 3 月 1 日起施行的《江苏省地质环境保护条例》（2008 年 9 月 28 日江苏省第十一届人民代表大会常务委员会第五次会议通过，根据 2018 年 11 月 23 日江苏省第十三届人民代表大会常务委员会第六次会议《关于修改〈江苏省湖泊保护条例〉等十八件地方性法规的决定》第一次修正，根据 2020 年 7 月 31 日江苏省第十三届人民代表大会常务委员会第十七次会议《关于修改〈江苏省矿产资源管理条例〉等十一件地方性法规的决定》第二次修正）；

（19）2009 年 6 月 1 日起施行的《吉林省地质灾害防治条例》（1999 年 1 月 8 日吉林省第九届人民代表大会常务委员会第七次会议通过，根据 2004 年 6 月 18 日吉林省第十届人民代表大会常务委员会第十一次会议《吉林省人大常委会关于废止和修改部分地方性法规的决定》修改，根据 2009 年 3 月 27 日吉林省第十一届人民代表大会常务委员会第十次会议修订，根据 2015 年 11 月 20 日吉林省第十二届人民代表大会常务委员会第二十一次会议《吉林省人民代表大会常务委员会关于修改〈吉林省土地管理条例〉等 7 件地方性法规的决定》修正）；

（20）2009 年 10 月 1 日起施行的《黑龙江省地质环境保护条例》（2009 年 6 月 12 日黑龙江省第十一届人民代表大会常务委员会第十次会议通过，根据 2013 年 12 月 13 日黑龙江省第十二届人民代表大会常务委员会第七次会议《关于废止和修改〈黑龙江省赌博处罚条例〉等十九部地方性法规的决定》第一次修正，根据2018年4月26日黑龙江省第十三届人民代表大会常务委员会第三次会议《黑龙江省人民代表大会常务委员会关于废止和修改〈黑龙江省统计监督处罚条例〉等72部地方性法规的决定》第二次修正）；

（21）2010年3月1日起施行的《浙江省地质灾害防治条例》（2009年11月27日浙江省第十一届人民代表大会常务委员会第十四次会议通过，第18号公告公布）；

（22）2011年1月11日起施行的《福建省地质灾害防治管理办法》（闽政〔2011〕8号）；

（23）2012年3月1日起施行的《山西省地质灾害防治条例》（2000年9月27日山西省第九届人民代表大会常务委员会第十八次会议通过，根据2007年6月1日山西省第十届人民代表大会常务委员会第三十次会议关于修改《山西省地质灾害防治条例》的决定修正，2011年12月1日山西省第十一届人民代表大会常务委员会第二十六次会议修订）；

（24）2012年6月26日印发的《北京市关于进一步加强地质灾害防治工作意见的通知》（京政发〔2012〕20号，该通知已于2017年1月3日后失效）；

（25）2012年7月1日起施行的《河南省地质环境保护条例》（2012年3月29日河南省第十一届人民代表大会常务委员会第二十六次会议通过，根据2018年9月29日河南省第十三届人民代表大会常务委员会第六次会议《河南省人民代表大会常务委员会关于修改部分地方性法规的决定》修正）；

（26）2012年7月27日起施行的《四川省地质环境管理条例》（1999年8月14日四川省第九届人民代表大会常务委员会第十次会议通过，根据2009年3月27日四川省第十一届人民代表大会常务委员会第八次会议《关于修改〈四川省地质环境管理条例〉的决定》第一次修正，根据2012年7月27日四川省第十一届人民代表大会常务委员会第三十一次会议《关于修改部分地方性法规的决定》第二次修正）；

（27）2013年10月1日起施行的《江西省地质灾害防治条例》（2013年7月27日江西省第十二届人民代表大会常务委员会第五次会议通过，2020年11月25日江西省第十三届人民代表大会常务委员会第二十五次会议修正）；

（28）2016年10月1日起施行的《甘肃省地质环境保护条例》（2016年7月29日甘肃省第十二届人民代表大会常务委员会第二十五次会议修订通过，第42号公告公布）；

（29）2018年1月1日起施行的《陕西省地质灾害防治条例》（2017年9月29日陕西省第十二届人民代表大会常务委员会第三十七次会议通过，根据2019年7月31日陕西省第十三届人民代表大会常务委员会第十二次会议《关于修改〈陕西省产品质量监督管理条例〉等二十七部地方性法规的决定》修正）；

（30）2021年1月1日起施行的《新疆维吾尔自治区地质环境保护条例》（2002年1月10日新疆维吾尔自治区第九届人民代表大会常务委员会第二十六次会议通过，根据2004年11月26日新疆维吾尔自治区第十届人民代表大会常务委员会第十三次会议《关于修改〈新疆维吾尔自治区地质环境保护条例〉的决定》第一次修正，根据2012年3月28日新疆维吾尔自治区第十一届人民代表大会常务委员会第三十五次会议《关于修改部分地方性法规的决定》第二次修正，2020年11月25日新疆维吾尔自治区第十三届人民代表大会常务委员会第二十次会议修订）。

（31）2023年10月1日起施行的《广东省地质环境管理条例》（2003年7月25日广东省第十届人民代表大会常务委员会第五次会议通过，根据2012年7月26日广东省第十一届人民代表大会常务委员会第三十五次会议《广东省人民代表大会常务委员会关于修改〈广东省民营科技企业管理条例〉等二十三项法规的决定》修正，2019年11月29日第十三届人民代表大会常务委员会第十五次会议废止了该条例）。

附　录

附录一　×××县突发性地质灾害应急预案

一、总则

（一）编制目的

为进一步提高地质灾害防范和应对能力，建立健全快速、高效、有序的突发地质灾害应急处置工作机制，保障人民群众生命财产安全，维护公共利益和社会稳定，促进全县经济社会可持续发展，编制了×××县突发性地质灾害应急预案。

（二）编制依据

根据《中华人民共和国突发事件应对法》《地质灾害防治条例》《国家突发地质灾害应急预案》《××省地质环境保护条例》《××省突发地质灾害应急预案》《××市突发公共事件总体应急预案》等法律法规以及有关规定，结合×××县的实际，制定本预案。

（三）分类分级

地质灾害险情或灾情按危害程度划分为Ⅰ级（特别重大）、Ⅱ级（重大）、Ⅲ级（较大）和Ⅳ级（一般）四个级别：

Ⅰ级（特别重大）：因灾死亡和失踪30人以上，直接经济损失1000万元以上；受地质灾害威胁、需搬迁转移人数在1000人以上，或潜在经济损失1亿元以上；造成江河支流被阻断，严重影响群众生命财产安全的地质灾害。

Ⅱ级（重大）：因灾死亡和失踪10人以上、30人以下，直接经济损失500万元以上、1000万元以下；受地质灾害威胁、需搬迁转移人数在500人以上、1000人以下，或潜在经济损失5000万元以上、1亿元以下；造成铁路繁忙干线、高速路网公路、民航和航道中断；严重威胁群众生命财产安全、有重大社会影响的地质灾害。

Ⅲ级（较大）：因灾死亡和失踪3人以上、10人以下，直接经济损失100万元以上、

500万元以下；受地质灾害威胁、需搬迁转移人数在100人以上、500人以下，或潜在经济损失500万元以上、5000万元以下的地质灾害。

Ⅳ级（一般）：因灾死亡和失踪3人以下，直接经济损失100万元以下；受地质灾害威胁、需搬迁转移人数在100人以下，或潜在经济损失500万元以下的地质灾害。

（四）适用范围

本预案适用于×××县域内因自然因素或者人为活动引发的危害人民生命和财产安全的山体崩塌、滑坡、泥石流、地面塌陷等Ⅳ级（一般）地质灾害应急处置工作。

（五）工作原则

1.预防为主，以人为本

建立健全群测群防体系，最大程度地减少突发性地质灾害造成的损失，把保障人民群众的生命财产安全作为应急处置工作的出发点和落脚点。

2.依法规范，快速反应

依法应对和处置地质灾害，不断完善地质灾害应急处置机制，做到快速反应、及时处置。

3.统一领导，分工负责

在县委、县政府统一领导下，有关部门各司其职，密切配合，共同做好突发性地质灾害应急防治工作。

二、应急指挥组织体系和职责

（一）县突发地质灾害应急指挥部

成立"×××县突发地质灾害应急指挥部"（以下简称"县应急指挥部"），由县政府分管副县长任总指挥，县应急管理局局长、县自然资源局局长及相关部门主要负责人担任副指挥，县委宣传部、县委网信办、县应急局、县自然资源局、县财政局、县工信局、县民政局、县教育局、县科技局、县生态环境局、县住建局、县交通局、县水务局、县农业农村局、县商务局、县文旅局、县卫健局、县退役军人局、县林草局、县市管局、县两山绿化指挥部、县消防救援大队、县发改委、县公安局、县人武部、县交警大队、预备役一团、县供电公司及各乡镇政府、街道办事处等相关部门和单位为成员单位。

应急指挥部成员单位人员因工作变动等需要调整的，及时由新担任相应职务的人员自行接替。

突发地质灾害险情或灾情发生后，根据灾害规模和危害程度，由县应急指挥部立即通知全部或部分成员单位，统一组织、协调、指挥应急处置工作。指挥部具体职责为：

（1）主持险情或灾情会商，决定是否启动本预案；

（2）贯彻执行国家、省和市有关应急工作的方针、政策，落实有关地质灾害应急工作指示和要求；

（3）建立和完善地质灾害应急预警机制；

（4）在上级政府的领导下，配合做好特别重大、重大和中型突发地质灾害应急工作；

（5）统一组织、指挥、协调一般突发地质灾害的应急工作，紧急情况下，报请市委、市政府协调武警、预备役部队和民兵参加救灾工作；

（6）部署全县地质灾害应急工作的公众宣传和教育，统一发布地质灾害应急信息；

（7）及时向市政府、市应急局报告突发地质灾害应急处置情况；

（8）完成县委、县政府下达的其他应急救援任务。

（二）县突发地质灾害应急指挥部主要成员单位职责

县委宣传部：负责受理灾害发生地现场记者采访申请和管理工作；督促指导新闻媒体做好宣传报道工作，及时正确引导社会舆论；组织地质灾害灾情、险情及应急处置进展情况等相关信息的收集、汇总及新闻发布工作。

县应急局：承担县应急指挥部办公室日常工作；负责县地质灾害应急处置工作的组织、协调、指导、部署和监督，协调县应急指挥部成员单位和乡镇、街道之间的联动工作，及时处理应急工作中出现的相关问题；建立健全地质灾害预警体系、汛期值班制度、险情巡查制度和灾情速报制度；及时发布地质灾害预警信息；提供与地质灾害防治相关的地震监测资料，制定全县地震监测预报方案并组织实施；负责及时掌握灾区震情趋势及地震监测设施的保护；督促各类企事业单位对危及自身安全的地质灾害进行巡查、检查和监测；督促各类企业开展对工程建设、矿山开采等人为活动可能引发地质灾害的防范工作；负责调查建设单位因地质灾害造成的安全生产事故，为指挥部决策提供依据；负责统计、发布自然灾害灾情信息，组织开展灾情核查、损失评估等工作。

县自然资源局：配合县应急局建立健全地质灾害预警体系、险情巡查制度和灾情速报制度；及时发布地质灾害预警信息；组织相关部门和专家分析灾害发展趋势，评估灾害损失及影响；宣传地质灾害防灾减灾知识，指导地质灾害隐患点开展临灾避险演练；承担指导地质灾害应急救援技术支撑工作等。

县发改局：负责重大地质灾害灾后重建项目的前期审查审批工作；配合有关单位组织协调物资的供应；积极争取中央预算内投资，与财政局研究协调落实相关防灾减灾资金，支持救灾物资储备库等地质灾害灾后重建项目建设和灾区应急恢复建设，协调推进有关项目建设。

县教育局：负责排查学校、幼儿园的隐患和险情；指导并协调做好受灾学校师生人员的转移工作，恢复正常教育教学秩序，指导做好学校灾后重建规划方案的编制及其组织实施工作；负责大中专院校、中小学、幼儿园防灾减灾救灾知识的普及、教育培训及应急演练工作。

县公安局：负责维护灾情发生所在乡镇、街道治安秩序，协助组织灾区群众紧急转移避险工作，情况危急时，可强制执行交通管制，组织群众避灾疏散；积极配合做好救灾救援和应急救助工作；密切掌握灾区社情动态，依法打击灾区盗抢救灾物资和阻挠、破坏救灾工作等违法犯罪活动，查处制造网络谣言等违法违规人员；检查、督促、落实重要场所和救灾物资的安全保卫工作。

县民政局：负责日常物资储备库建设和物资储备工作；及时储备和调运受灾群众生活类救助物资，设置避险场所和救济物资供应点，检查、监督救灾款物的发放和使用情况；核定和报告灾情，及时向县应急指挥部报告灾民救助和安置情况；负责因灾伤亡人员的善后事宜。

县财政局：负责按国家和省、市有关规定，将地质灾害防治经费列入本级财政预算，并对专项经费使用进行监督管理；负责应急防治与救灾补助资金的落实；做好应急防治与救灾补助资金的拨付及使用的指导、监督和管理等工作。

县生态环境局：负责灾区次生环境问题的调查、监测与评价，加强监控，防止环境污染。

县住建局：负责协调和恢复城市供水、供气、供热等公用设施正常运行；负责应急救灾通道和临时安置点的建设和管理；负责灾损房屋评估；积极向上协调汇报，指导灾区开展灾后基础设施、住房恢复重建和相应安置工作；参与突发地质灾害应急处置。

县交通局：抢修因灾害损坏的交通设施，在危险路段设立醒目的警示标志，做好救灾、防疫人员和物资的紧急运输工作；组织有关单位对农村公路沿线的地质灾害隐患点进行排查，发现险情及时采取防范措施；对因违章或违法施工引发道路沿线地质灾害的施工单位和个人依法实施行政处罚。

县农业农村局：负责灾区重大农作物病虫害、农作物疫情和农业灾害的预报与防治工作；做好抢险救灾期间和灾后一段时间内的动物疫情监测；及时调拨县级救灾备荒种子，指导农民采取抢种补种等灾后生产恢复措施；组织开展农业防灾减灾技术推广和知识宣传；按照程序将受灾困难群众纳入农村建档立卡系统管理，确保在政策扶持下如期稳定脱贫。

县水务局：负责清除河道内的一切阻洪建筑物，依法加强河道管理；参与水利设施沿线突发地质灾害调查；负责组织、协调抢修、加固因地质灾害损坏或受地质灾害威胁的水利设施；及时向县应急指挥部和县政府通报汛情动态。

县林草局：负责协调解决地质灾害防治工程占用林地和草原、林木砍伐等问题；协助开展林区和草原范围内地质灾害应急处置工作。

县文旅局：负责旅游景区地质灾害防治工作，对威胁旅游基础设施和旅游服务设施的地质灾害进行监测和治理；在旅游景区内发生险情灾情时，负责组织引导游客疏散避险，安排游客及时返程。

县卫健局：组织安排全县医疗资源积极参与应急救灾工作；负责指导灾区做好受伤人员医疗救治、卫生防疫、卫生监督、健康教育、心理疏导等工作；监控灾后一段时间内有无传染病等疫情流行并做好预防；开展应对灾害自救互助和卫生防疫知识宣传教育，组织卫生应急培训演练；适时派出卫生应急队伍赴灾区开展医疗卫生救援和心理援助。

县人武部：负责协调组织各方面的救援队伍赶赴灾区，抢救被压埋人员，参与抢险救灾，消除安全隐患。

县消防救援大队：利用其装备优势对被压埋人员进行抢救；协助灾区乡镇、街道受灾害威胁的居民以及其他人员向安全地带疏散转移，情况危急时，可强制组织避灾疏散；对已经发生或可能引发的水灾、火灾、爆炸及剧毒和强腐蚀性物质泄漏等次生灾害进行抢险，消除隐患。

县交警大队：负责做好交通指挥和管制，确保救灾车辆、救灾人员安全通行。

预备役一团：负责解救受灾群众、排查控制重大险情、保护重要目标、抢运人员物资、抢修公共基础设施、参加医疗救护和疫情防控、实施专业救援、支援灾区恢复重建、协助当地政府和公安机关维护灾区社会稳定。

县供电公司：采取有效防范措施，保护供电设施免遭地质灾害危害；负责组织抢修受损毁供电设施，保障地质灾害应急处置工作的供电需求。

乡镇政府、街道办事处：负责及时上报地质灾害灾情或险情，并第一时间赶赴现场，进行先期处理；负责日常辖区内地质灾害巡查和监测，做好地质灾害管理工作；负责做好受灾害威胁居民以及其他人员的疏散工作，情况危急时，可强制组织避灾疏散。

各成员单位应在每年汛期前核实各自部门的联系方式，若有变动应及时报告指挥部办公室。

（三）县突发地质灾害应急指挥部工作机构

县突发地质灾害应急指挥部下设综合协调组、抢险救援组、应急调查监测组、信息管理组、医疗救治组、安置疏导组、后勤保障组、安全保卫组和专家咨询组9个工作组，各工作组按照各自职责分工，高效、有序开展工作，共同做好地质灾害应急处置。

（四）县突发地质灾害应急指挥部办事机构

县突发地质灾害应急指挥部办公室设在县应急管理局，具体负责县突发地质灾害应急指挥部的日常工作，由县应急管理局局长兼任办公室主任，分管副局长担任办公室副主任，各相关业务科室负责人为办公室成员。县突发地质灾害应急指挥部办公室主要职责为：

（1）负责贯彻指挥部的指示和部署，做好全县地质灾害应急处置工作的组织、协调、指导、监督和落实。

（2）汇集、上报险情灾情和应急处置与救灾进展情况，提出具体的应急处置与救灾方案和措施建议。

（3）组织有关部门和专家分析灾害发展趋势，对灾害损失及影响进行评估，为指挥部决策提供依据。

（4）起草指挥部文件，负责指挥部各类文书资料的准备和整理归档。

（5）承担指挥部日常事务和交办的其他工作。

三、应急准备

（一）地质灾害应急日常管理工作

县自然资源局配合县应急局做好辖区地质灾害防治的监督、管理工作。主要职责有：编制并组织实施地质灾害防治规划；制定地质灾害应急防灾预案；划定地质灾害危险区并对其监督管理；管理地质灾害调查、评价及工程治理工作；建立群专结合的地质灾害监测网络，做好地质灾害监测、预警工作；负责地质灾害"两卡一表"发放工作；负责地质灾害汛前排查、汛中检查、汛后核查工作，建立完善汛期各项防灾制度并严格执行；组织开展辖区内社会公众地质灾害防治知识宣传教育。

（二）监测预警

（1）建立覆盖各乡镇（街道）、村（社区）的应急网络体系，在每个地质灾害隐患点安排监测员，监测员要保持通信畅通；

（2）地质灾害较为严重的隐患点在遇到强降雨或突发地质灾害时，要24小时不间断监测预警；

（3）各村地质灾害监测员每天做好监测记录，发现新的险情要在最短时间内将险情情况报告县应急局和县自然资源局。县应急局将灾情汇报县政府和市应急局，组织、协调和处置突发地质灾害应急工作。

（三）气象预警

1.地质灾害气象风险蓝色预警、黄色预警响应（Ⅳ、Ⅲ级准备）

各级应急指挥机构按照应急工作安排，实行领导带班、昼夜值班制度，随时保持通信畅通。检查地质灾害隐患点群测群防网络运转情况，对重要地质灾害隐患点加强监测，采取防御措施，提醒地质灾害易发区和地质灾害隐患点附近的居民、厂矿、学校、企事业单位密切关注地质灾害气象风险预警信息，注意防范地质灾害。当地质灾害易发区或地质灾害隐患点出现灾害异常时，迅速组织受威胁的群众撤离。

2.地质灾害气象风险橙色预警响应（Ⅱ级准备）

在采取地质灾害气象风险蓝色和黄色预警响应措施的基础上，值班人员将预警警报逐级通知到位。各相关部门迅速深入地质灾害易发区和重要地质灾害隐患点进行检查排查，加强对各地质灾害易发区和隐患点的监测，暂停地质灾害易发区和隐患点附近的户外作业，启动临时避险预案，撤离重要地质灾害隐患点及地质灾害易发区受威胁的群众，并组织有关人员准备抢险。

3.地质灾害气象风险红色预警响应（Ⅰ级准备）

在采取地质灾害气象风险橙色预警响应措施的基础上，带班领导主动了解掌握情况，值班人员将预警警报逐级通知到位。各相关部门对地质灾害易发区和隐患点实施24小时监测，停止地质灾害易发区和隐患点附近的所有户外作业，启动临时避险方案，采取转移疏散人员、关闭旅游景点、实行交通管制等临时措施，并组织有关人员随时待命准备抢险救灾。

（四）汛期值班制度

各相关单位应建立汛期24小时值班和领导带班制度，并向社会公布值班电话。各应急指挥部成员单位联络员、联系电话变更，应及时报区应急指挥部办公室备案。

四、临灾处置

（一）地质灾害信息报告

Ⅳ级（小型）及以上地质灾害发生后，事发地乡镇政府、街道办事处和有关部门要立即向县政府报告，最迟不得超过30分钟，同时将情况上报县应急局、县自然资源局和相关部门。对于个别情况特殊的地质灾害，确实难以在30分钟内全面、准确报告县政府的，应先行预报，并在1小时以内续报详细情况。Ⅰ级（特大型）、Ⅱ级（大型）、Ⅲ级（中型）地质灾害发生后或遇特殊情况时，县应急指挥部向市政府以及市应急管理部门报告的同时，可直接向省政府及省应急主管部门报告。

地质灾害应急信息报告内容主要包括：

（1）发生位置、发生时间、伤亡人数；

（2）已造成的直接经济损失，可能造成的间接经济损失；

（3）地质灾害类型和规模；

（4）地质灾害成因，包括地质条件和诱发因素（人为因素和自然因素）；

（5）发展趋势；

（6）已采取的防范对策和措施；

（7）应急工作建议。

县应急局要把汇总核实的应急信息和重要情况及时上报县委、县政府相关领导，同时将领导批示、要求及时传达到相关乡镇、街道和部门，并跟踪反馈落实情况。

地质灾害如涉及或影响到县行政区域以外的地区，应及时向相邻地区通报有关情况，同时报告上级政府并协助做好处置工作。

（二）先期处置

接到突发地质灾害险情或灾情报告后，事发地乡镇、街道和有关部门要立即采取措施，迅速组织开展应急救援工作。县应急局要在县委、县政府的统一指挥下，调动参与突发地质灾害处置的各相关部门和处置队伍赶赴现场，按照预案分工，相互配合、密切协作，有效地开展各项应急处置和救援工作。初步确定灾害性质、级别，及时向县政府分管领导报告，提出是否启动应急预案、启动哪级预案的建议，逐级上报。先期处置工作内容有：

（1）对是否转移群众和应采取的措施做出决策，如果需要转移则按照地质灾害隐患点防灾预案规定的避灾路线和避灾场地进行处置；

（2）及时划分地质灾害危险区，设立明显的警示标志，确定预警信号和撤离路线；

（3）加强监测，采取有效措施，防止因灾害进一步扩大对抢险救灾可能导致的二次人员伤亡；

（4）组织群众转移避让或采取排险防治措施，根据险情或灾情具体情况提出应急对策，情况危急时可强制组织受威胁群众避灾疏散；

（5）做好速报工作，并根据灾情进展，随时续报，直至应急结束。

（三）应急响应

（1）出现小型地质灾害险情后，由县应急指挥部迅速做出反应，启动地质灾害应急预案，指挥、协调、组织有关部门、单位的专家和工作人员，及时赶赴现场，加强监测，采取应急措施。具体包括：依照群测群防责任制的规定，立即将有关信息通知到地质灾害危险点的防灾责任人、监测人和该区域内的群众；对是否转移群众和采取的应急措施做出决策；及时划定地质灾害危险区，设立明显的危险区警示标志，确定预警信号和撤离路线；组织群众转移或采取排险防治措施时，要根据险情或灾情具体情况提出应急对策，情况危急时，应强制组织受威胁群众避灾疏散，防止因灾害进一步扩大对抢险救灾可能造成的二次人员伤亡。同时，向市政府和市应急局及时报告灾情及工作进展情况，直至应急工作结束。

（2）Ⅲ级（中型）、Ⅱ级（大型）、Ⅰ级（特大型）地质灾害发生后，县应急指挥部应根据地质灾害具体情况，立即启动地质灾害应急预案，开展前期处置工作，并向上级政府报告。上级政府启动相关应急预案后，县应急指挥部应积极主动与上级指挥部做好衔接沟通，积极开展应急处置工作。

（四）应急处置

地质灾害灾情发生后，各有关部门要立即按既定方案和职责分工组织抢险救灾，各应急工作组负责人和工作人员接到通知后，应在短时间内迅速到位，在县应急指挥部的统一指挥下，迅速投入灾后应急抢险工作。

1.综合协调组

牵头单位：县应急局。

成员单位：县财政局、县发改局、县自然资源局等相关部门。

主要负责传达县应急指挥部的指示和命令，联系各应急成员单位落实各项应急措施。

2.抢险救援组

牵头单位：县应急局。

成员单位：县消防救援大队、县人武部、县住建局、县交通管理局、县水务局等相关部门。

主要负责在地质灾害灾情发生后，按既定方案和职责分工，在短时间内迅速到位，开展应急抢险工作。

3.应急调查监测组

牵头单位：县自然资源局。

成员单位：县水务局、县林草局、县生态环境局等相关部门。

主要负责组织有关专家和队伍开展应急调查和应急监测工作。

4.医疗救治组

牵头单位：县卫健局。

成员单位：县农业农村局、县市场监督管理局等相关部门。

负责组织医疗卫生机构积极开展伤病员救治工作，对灾区可能发生的传染病进行预警，采取有效措施防止和控制灾后传染病暴发流行。

5.安全保卫组

牵头单位：县公安局。

成员单位：县住建局、乡镇和街道办事处、交警大队等相关部门。

主要负责维护地质灾害事发现场治安安全保卫工作，维护社会治安和道路交通秩序，协同有关部门做好灾民的转移，预防和处置群体性治安事件，依法打击蓄意扩大传播地质灾害险情信息等违法犯罪活动。

6.安置疏导组

牵头单位：县民政局。

成员单位：县文旅局、县教育局等相关部门。

主要负责灾区群众安置，为受灾群众提供基本生活保障。

7.信息管理组

牵头单位：县委宣传部。

成员单位：县应急局、县自然资源局、县水务局等相关部门。

主要负责地质灾害灾情、险情及应急处置进展情况等相关信息的对外发布工作。

8.后勤保障组

牵头单位：县发改局。

成员单位：县财政局、县民政局、县住建局、县水务局、供电公司等相关部门。

主要负责应急抢险救援工作涉及的经费、物资、运输、供水、供电、通信等方面的协调和落实工作。

9.专家咨询组

牵头单位：县自然资源局。

成员单位：县应急局、县气象局、县水务局等相关部门。

主要负责组织专家参与突发地质灾害应急工作，调查灾害成因和类型，评估险情或灾情等级，预测发展趋势和可能造成的危害，提出控制措施和防范意见，为应急指挥决策提供科学依据。

（五）应急结束

地质灾害应急工作结束或者相关致灾的危险因素消除后，县应急指挥部在充分听取专家组意见后提出终止应急工作请示，报县政府批准后，宣布终止应急状态。

（六）后期处置

1.善后处置

（1）补偿抚恤

灾害发生地乡镇、街道对突发地质灾害中的伤亡人员、工作人员以及紧急调集征用的物资，按照规定给予抚恤、补助或补偿，并提供必要的心理及法律援助。

（2）生产救助

突发地质灾害发生后，乡镇、街道要安抚灾区群众，组织灾区群众开展生产自救，尽快恢复生产，确保社会稳定。县民政局要按相关法律法规，做好社会各界向灾区提供的救灾物资及资金的接收、分配和使用工作。

（3）地质灾害隐患动态监测

对地质灾害隐患尚未完全消除的，由县自然资源局组织相关单位及人员对灾害点开展地质灾害动态监测工作，随时掌握灾害隐患发展变化情况，为下一步综合防治工作提供依据。

2.恢复重建

县应急指挥部根据地质灾害灾情和灾害防治需要，统筹规划、合理安排灾后重建工作。

灾后重建包括：帮助灾区修缮、重建因灾倒塌和损坏的居民住房；为灾民提供维持基本生活的急需物资；修建因灾损毁的交通、水利、通信、供水、供电等基础设施；帮助灾区修复和重建校舍、医院等公共设施；帮助灾区恢复正常的生产、生活秩序；编制出地质灾害治理工程总体方案等。若通过综合评估认为，地质灾害治理资金投入多、治理难度大，另选新址重建居民生活区更为安全、合理，则应通过统一规划研究后进行建设。

3.总结评估

在处置特大型、大型、中型、小型突发地质灾害时，县应急指挥部根据情况适时成立地质灾害调查专家小组，由地质灾害调查专家小组组织专家对突发地质灾害的处理情况及时进行总结和评估。

五、应急保障

（一）队伍保障

各有关部门和有关单位要加强地质灾害专业应急防治与救灾队伍建设，确保灾害发生后应急力量及时到位。定期对相关机构人员进行应急处理相关知识、技能的培训，使其掌握地质灾害防治的基本知识，提高应对各类突发地质灾害的能力。

地质灾害应急队伍应由专业化队伍与专家组成，具体承担突发地质灾害应急防治和处置技术工作，包括应急调查评价、监测预警、应急处置、应急信息、远程会商及综合研究工作。

（二）资金保障

按照《地质灾害防治条例》规定，地质灾害应急防治工作纳入地方各级政府国民经济和社会发展规划。应急防治工作经费由同级财政予以保障。

要充分发挥保险在防灾减灾和地质灾害事故处置中的重要作用，大力推进财产和人身保险，完善灾后救助体系，逐步建立市场化的灾害补偿机制。

处置突发性地质灾害所需财政负担的经费，按照现行事权和财权划分原则，分级负担。财政和审计部门要对突发事件财政应急保障资金的使用和效果进行监管和评估。

（三）物资装备保障

有关部门、单位要按照各自职责和预案要求，配备必需的应急装备，做好相关应急物资保障工作。

（四）技术保障

1.成立应急救援专家组

县应急指挥部应建立地质灾害应急防治专家库，专家库由工程地质、水文地质、环境地质、气象、水利、地震、采矿工程、医疗救护、卫生防疫和应急救援等方面的专家组成。这一举措旨在为地质灾害应急防治和应急处置工作提供科学、有效决策支持。

2.开展应急技术研究

县应急局要会同相关部门开展地质灾害应急防治、救灾、技术应用等方面的研究，聘请有关技术单位、院校开展应急调查、应急评估、地质灾害趋势预测、地质灾害气象预报预警等应急技术的应用和开发。

六、监督管理

（一）预案管理

本预案由县应急局根据形势发展和应急机制变化，及时牵头负责修订和完善，报县政府批准后实施，并报市应急局备案。

（二）宣传培训

各乡镇、街道大力宣传、普及地质灾害防治的相关知识，通过讲解当地地质灾害典型事例使广大干部、群众掌握简单的地质灾害识别、监测、预报知识和避让措施，提高群众防灾、减灾、救灾意识，增强群众防御地质灾害的主动性和自觉性。县自然资源局负责各乡镇、街道业务骨干及各主要灾害点监测人员的培训工作。

（三）责任与惩罚

根据《地质灾害防治条例》，未按规定编制突发性地质灾害应急预案，或者未按照突发性地质灾害应急预案的要求采取有关措施、履行有关义务的，依法给予降级或者撤职的行政处分；造成地质灾害导致人员伤亡和重大财产损失的，依法给予开除的行政处分；构成犯罪的，依法追究刑事责任。

七、附则

（一）名词术语的定义与说明

突发地质灾害：指自然因素或者人为活动引发的危害人民生命和财产安全的崩塌、滑坡、泥石流、地面塌陷等与地质作用有关的灾害。

地质灾害应急：指在发生地质灾害或者出现地质灾害险情时，为了避免或最大程度减轻地质灾害造成的人员伤亡和财产损失，而采取的不同于正常工作程序的紧急防灾和抢险救灾行动。

地质灾害易发区：指具备地质灾害发生的地质构造、地形地貌和气候条件，容易发生地质灾害的区域。

地质灾害危险区：指已经出现地质灾害迹象，明显可能发生地质灾害且将可能造成人员伤亡和经济损失的区域或者地段。

次生灾害：指由地质灾害造成的工程结构、设施和自然环境破坏而引发的灾害，如水灾、爆炸及剧毒和强腐蚀性物质泄漏等。

直接经济损失：指地质灾害及次生灾害造成的物质破坏，包括建筑物和其他工程结构、设施、设备、物品、财物等破坏而引起的经济损失，以重新修复所需费用计算。不包括非实物财产，如货币、有价证券等损失。

（二）预案解释

本预案由县应急局负责解释。

（三）预案实施

本预案自印发之日起执行。

八、附件

1.×××县突发地质灾害应急指挥部成员名单

2.×××县地质灾害应急响应流程图

3.×××县重要地质灾害隐患点防灾预案一览表

附1　×××县突发地质灾害应急指挥部成员名单（样例）

组成	姓名	职务	单位
总指挥	×××	县委常委、常务副县长	县政府
副总指挥	×××	局长	县应急局
	×××	局长	县自然资源局
	×××	局长	县发改局
	×××	政委	县公安分局
	×××	部长	县人武部
	×××	大队长	县消防救援大队
	×××	团长	预备役一团
	×××	中队长	武警中队
成员	×××	副部长	县委宣传部
	×××	主任	县委网信办
	×××	副局长	县应急局
	×××	副局长	县自然资源局
	×××	副局长	县财政局
	×××	副局长	县工信局
	×××	副局长	县民政局
	×××	副局长	县教育局
	×××	副局长	县科技局
	×××	副局长	县生态环境局
	×××	副局长	县住建局
	×××	副局长	县交通局
	×××	副局长	县水务局

附2　×××县地质灾害应急响应流程图（样例）

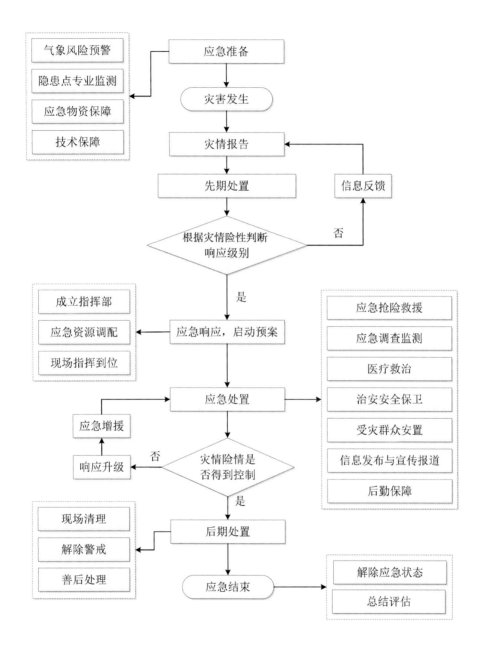

附件3 ×××县重要地质灾害隐患点防灾预案一览表（样例）

编号	名称	所在乡（镇）	稳定性（易发性）
XGX1	×××村不稳定斜坡	×××镇	欠稳定
XGX2	×××村不稳定斜坡	×××镇	欠稳定
XGX3	×××湾不稳定斜坡	×××镇	欠稳定
XGX4	×××不稳定斜坡	×××乡	欠稳定
XGX5	××××不稳定斜坡	×××乡	较差
XGB1	××村崩塌	××镇	欠稳定
XGH1	××小学滑坡	××镇	较差
XGH2	×××窑西南侧滑坡	××乡	较差
XGN1	×××沟泥石流	××镇	中易发
XGN2	××沟泥石流	××××街道	中易发
XGN3	××沟泥石流	×××街道	中易发

×××重要地质灾害隐患点防灾预案(样例)

名称	×××村不稳定斜坡	地理位置	×××村西北侧		
野外编号	XGX2		坐标	X：	Y：
室内编号	XGX2		经度：103°31′42.77″		纬度：36°07′23.74″
隐患点类型	不稳定斜坡	规模及规模等级	中型		
威胁人口(人)	188	威胁财产(万元)	500	险情等级	大型	曾经发生时间	

地质环境条件	该区域出露的地层主要由第四系上更新统马兰黄土,新近系泥岩、砂砾岩,第四系全新统冲洪积物组成
变形特征及活动历史	斜坡坡顶前缘发育一条宽约0.3 m、长约40 m的裂缝,另在雨季有掉块、溜土现象
稳定性分析	现状稳定性较差,在暴雨和地震等不利工况下发生灾害的可能性较大,危害程度中等,危险性中等
引发因素	主要诱发因素为降水、削坡和地震
潜在危害	主要威胁房屋

临灾状态预测	裂缝及坡面变化趋势	监测方法	定期目视检查、地面变形简易监测	监测周期	一周1次,汛期或产生裂缝等变形迹象时加强监测	
监测负责人	××	电话	1507×××4242	群测群防人员	×××	电话	13009330×××

预警方式	敲锣、广播、喊话器	预防明白卡	威胁188人,现处于欠稳定状态
预定避灾地点	斜坡东侧	人员撤离路线	从斜坡前缘顺街道向高速公路撤离
防治建议	群测群防,雨季加强监测,采取削方减载、支挡等工程措施,出现险情时,组织受威胁人员撤离危险区,避让至安全地点。		

示意图

⬥不稳定斜坡　　临时避险点 临时避险点　　→ 撤离路线

×××重要地质灾害隐患点防灾预案(样例)

名称	××小学北侧 不稳定斜坡	地理 位置	××××村			
野外编号	XGX5		坐标	X:		Y:
室内编号	XGX5		经度:103.653181°		纬度:35.985313°	
隐患点 类型	不稳定斜坡	规模及规模等级				
威胁人口(人)	100 威胁财产(万元) 1000	险情 等级	大型	曾经发生 时间		
地质环境条件	地层岩性为上更新统坡洪积含砾粉土,下伏白垩系河口组砂岩夹砂质泥岩;坡宽 350 m,坡高25～30 m,坡度45°～85°;坡脚人类工程活动较强烈					
变形特征及活 动历史	发育潜在滑坡					
稳定性 分析	现状稳定性较差,预测发展稳定性较差,在暴雨和地震等不利工况下失稳产生滑坡灾 害的可能性较大					
引发因素	主要诱发因素为降雨、地震、人工加载和开挖坡脚					
潜在危害	××村小学、居民房屋、道路、电线杆及路灯等					
临灾状 态预测	裂缝及 坡面变 化趋势	监测方法	定期目视 检查	监测 周期	一周3次,汛期或产生裂缝等变形 迹象时应加强监测	
监测负 责人	×××	电话	1511700×××	群测群防 人员	×× 电话 1511702×××	
预警方式	敲锣、广播、喊话器	预防明白卡	威胁100人,现处于欠稳定状态			
预定避 灾地点	斜坡 北、西侧	人员撤离 路线	坡肩处沿道路向斜坡西侧撤离,坡脚处沿道路向斜坡北侧撤离			
防治建议	群测群防,雨季应加强监测,建议采取挡土墙和排水等工程措施;出现险情时,组织受 威胁人员撤离危险区,避让至安全地点					

示意图

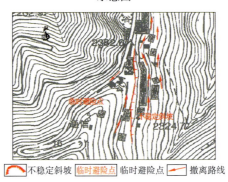

△▲ 不稳定斜坡　臨時避險點 临时避险点　➤ 撤离路线

×××重要地质灾害隐患点防灾预案(样例)

名称	×××村滑坡	地理位置	×××村××社		
野外编号	XGH2		坐标	X：	Y：
室内编号	XGH2		经度：103.634975°		纬度：36.032334°
隐患点类型	土质滑坡	规模及规模等级	小型		
威胁人口（人）	230	威胁财产(万元) 1000	险情等级	大型	曾经发生时间
地质环境条件	位于黄河左岸Ⅳ级基座阶地,地层岩性为白垩系砂岩夹砂质泥岩;滑坡体坡长70～75 m,坡宽150 m,厚度5～7 m;坡脚人类工程活动强烈				
变形特征及活动历史	坡面小冲沟发育且有掉块,坡面、坡脚局部发生溜塌,坡面发育剪切裂缝				
稳定性分析	现状稳定性较差,预测发展稳定性差,在暴雨和地震等不利工况下失稳产生滑坡灾害的可能性较大				
引发因素	复活诱发因素为降雨、地震、开挖坡脚和风化				
潜在危害	村庄、电线杆等				
临灾状态预测	裂缝及坡面变化趋势	监测方法	定期目视检查	监测周期	一周3次,汛期或产生裂缝等变形迹象时应加强监测
监测负责人	××	电话 1389369×××	群测群防人员	×××	电话 1390949×××
预警方式	敲锣、广播、喊话器	预防明白卡	威胁170人,现处于欠稳定状态		
预定避灾地点	滑坡西北侧	人员撤离路线	沿滑坡前缘的道路向滑坡西北侧撤离		
防治建议	群测群防,雨季应加强监测,建议采取主动防护网和挡土墙等工程措施;出现险情时,组织受威胁人员撤离危险区,避让至安全地点				

示意图

×××重要地质灾害隐患点防灾预案(样例)

名称	××沟泥石流	地理位置	×××村		
野外编号	XGN1		坐标	X：	Y：
室内编号	XGN1		经度：103°29′14.14″ 纬度：36°08′23.44″		
隐患点类型	泥石流	规模及规模等级	中型		
威胁人口(人)	160	威胁财产(万元)	855	险情等级	大型	曾经发生时间	10年前
地质环境条件	该区域大面积被黄土覆盖,主要为黄土丘陵地貌。地势由西南向东北倾斜,海拔多在1553～2369 m之间。境内沟壑纵横、梁峁起伏、川梁相间,由西北向东南呈条带状分布				
变形特征及活动历史	每年在雨季时沟内有少量洪水流出,并夹杂少量生活垃圾;在强降雨或者连续降雨时,沟内洪水流量明显增大,有发生泥石流的可能性				
稳定性分析	衰退期				
引发因素	暴雨				
潜在危害	威胁房屋210多间、资产855万元				
临灾状态预测	监测方法	雨量、泥位监测	监测周期	一月1次,汛期加强监测	
监测负责人	×××	电话	1391999×××	群测群防人员	××	电话	181536×××
预警方式	敲锣、广播、喊话器		预防明白卡	威胁160人,属中易发	
预定避灾地点	沟道两侧	人员撤离路线	从沟道两侧沿道路向远离沟道的方向撤离		
防治建议	以专业监测为指导、群众监测为辅助,雨季加强监测,出现险情时,组织受威胁人员撤离危险区,避让至安全地点				

示意图

泥石流沟 临时避险点 临时避险点 → 撤离路线

××××重要地质灾害隐患点防灾预案（样例）

名称	×××沟泥石流	地理位置	×××街道××社区		
野外编号	XGN4		坐标	X：	Y：
室内编号	XGN4		经度：103°377.94″　　纬度：36°4′00.37″		
隐患点类型	泥石流	规模及规模等级	中型		
威胁人口（人）	57	威胁财产（万元）	3000	险情等级	中型
				曾经发生时间	10年前
地质环境条件	该区域大面积被黄土覆盖,主要为黄土丘陵的地貌。地势由西南向东北倾斜,海拔多在1582～2381 m之间。境内沟壑纵横、梁峁起伏,川梁相间,由西北向东南呈条带状分布				
变形特征及活动历史	每年在汛期沟内有少量洪水流出,并夹杂少量生活垃圾;在强降雨或者连续降雨时,沟内洪水流量明显增大,有发生泥石流的可能				
稳定性分析	人为工程有所控制				
引发因素	暴雨				
潜在危害	威胁房屋110间、资产3000万元				
临灾状态预测	监测方法	雨量、泥位监测	监测周期	一月1次,汛期加强监测	
监测负责人	×××	电话	189930×××	群测群防人员	×××
				电话	1399318×××
预警方式	敲锣、广播、喊话器		预防明白卡	威胁57人,属中易发	
预定避灾地点	沟口东侧	人员撤离路线	沿小路从沟口东侧撤离		
防治建议	以专业监测为指导、群众监测为辅助,雨季加强监测,出现险情时,组织受威胁人员撤离危险区,避让至安全地点				

示意图

◢ 泥石流沟　　避险点 避险点　　→ 撤离路线

附录二　×××县"十四五"地质灾害防治规划（2021—2025年）

前　言

为全面贯彻落实党中央、国务院关于地质灾害防治的要求和精神，做好"十四五"期间的地质灾害防治工作，进一步提高地质灾害防治能力和水平，最大限度减少地质灾害造成的人员伤亡和财产损失，根据《地质灾害防治条例》《国务院关于加强地质灾害防治工作的决定》《××省地质环境保护条例》《××省国民经济和社会发展第十四个五年规划和二〇三五年远景目标纲要》等法律法规和文件精神，充分衔接自然资源部2020年印发的《地质灾害防治三年行动实施纲要》《××市国民经济和社会发展"十四五"规划》《×××县国民经济和社会发展第十四个五年规划纲要》《××市"十四五"地质灾害防治规划》，结合我县地质灾害现状和防治基础，编制《×××县"十四五"地质灾害防治规划（2021—2025年）》（以下简称《规划》）。

本《规划》所指地质灾害，包括自然因素或人为活动引发的危害人民生命和财产安全的滑坡、崩塌、泥石流、地面塌陷、地裂缝、地面沉降等与地质作用有关的灾害。

本《规划》的内容包括地质灾害调查评价、监测预警、综合治理、应急支撑和防灾减灾能力建设。

本《规划》的范围为×××县行政所辖区域。

本《规划》的基准年为2020年，规划期为2021—2025年。

本《规划》的主要成果包括：规划文本、规划编制说明、规划专题研究报告、附图。

本《规划》是在充分收集×××县及外围区域地质、环境地质及地质灾害防治相关资料，并与县域发展相关行业规划衔接、听取主管部门和相关各方意见的基础上编制完成的。

一、地质灾害防治现状与形势

（一）地质灾害分布现状

2020年底，全县共有地质灾害隐患点**处（专栏1），类型为滑坡、崩塌、泥石流。其中，滑坡**处，占地质灾害隐患点总数的**%；崩塌**处，占地质灾害隐患点总数的**%；泥石流**条，占地质灾害隐患点总数的**%。

专栏 1　×××县地质灾害点统计表（样例）

序号	乡镇名称	地质灾害			
		滑坡	崩塌	泥石流	共计
1	××××乡				
2	×××乡				
3	××镇				
4	×××镇				
5	××乡				
6	×××乡				
7	××镇				
8	××镇				
9	×××镇				
10	××乡				
11	××乡				
12	××镇				
13	××乡				
14	×××乡				
15	××镇				
16	××乡				
17	×××乡				
合计					

地质灾害主要受区域地质环境、气候条件、人为因素的控制或影响，大多发生在雨季，具有点多面广和突发性、季节性的特点。不同灾害类型具有不同的分布特征和形成条件。

在空间分布上：滑坡、崩塌主要分布于×××镇、×××镇、××镇、×××镇、××镇、××乡、××乡、×××乡等乡镇；泥石流则主要沿××河南岸××峡、××河、×××河、××河河谷分布。

在时间分布上：滑坡、崩塌灾害集中发生于雨季，有80%发生在7—9月份；地震引起的滑坡、崩塌及次生灾害基本与地震同步或稍滞后；泥石流均为暴雨引发，一般集中于6—9月份，其余月份相对较少，且暴雨多的年份也是泥石流高发的年份。

×××县历史上有多次地质灾害发生，尤其在2018年"7·18"暴洪灾害期间多发。据统计，"十三五"期间，全县共发生地质灾害**起，其中滑坡**起、崩塌**起、泥石流**起，灾情均为小型，直接经济损失累计约**万元。由于地质灾害防范力度加强，"十三五"期间地质灾害未造成人员伤亡。

由于"7·18"暴洪灾害引发大量地质灾害，导致"十三五"期间发生的地质灾害总数较"十二五"期间大幅增加，增幅为**%；直接经济损失大幅增加，增幅为**%。"十三五"期间地质灾害突发多发，但规模较小，发生频率与极端天气的影响有直接关系。

"十三五"末，全县共有地质灾害隐患点**处，受地质灾害威胁的人数达**人，威胁财产共计**万元。随着极端天气和人类工程活动的不断增多，突发地质灾害不断增多，地质灾害已成为全县主要自然灾害之一。

（二）"十三五"防治成效

"十三五"期间，×××县政府高度重视地质灾害防治工作，始终坚持"预防为主、防治结合"的方针，在中央、省、市政府的大力支持下，全面开展地质灾害综合防治体系建设，在调查评价、监测预警、综合治理和防治能力建设等方面取得了显著成效，最大限度地避免和减轻了地质灾害造成的人员伤亡和财产损失。主要表现在以下几个方面：

1.调查评价工作稳步推进

在对地质灾害现状进行全面摸底调查的基础上，分别开展了汛前排查、汛中巡查和汛末核查，分年度编制了《×××县地质灾害隐患点汛期排查报告》，进一步查明了地质灾害隐患点动态变化情况，完善了全县地质灾害信息系统建设。编制了《×××县地质灾害防治方案》与《×××县突发性地质灾害应急预案》《×××县2019年地质灾害搬迁避让调查报告》《×××县地质灾害风险调查评价报告（1：50000）》及建设项目地质灾害危险性评估报告等，为有效开展地质灾害防治工作提供了科学依据。

2.监测预警体系初步建立

按照《×××县地质灾害防治"十三五"规划》部署，建立了县、乡镇、行政村及监测员四级地质灾害群测群防体系，各地质灾害隐患点均配1名监测员，组建了基层群测群防员队伍，将已查明的地质灾害隐患点全部纳入了群测群防体系。每年编制发布年度地质灾害防治方案，针对重要地质灾害危险区、隐患点提出具体防灾措施，向有可能受地质灾害威胁的单位、群众发放地质灾害"两卡"及防治手册共计两万余份，群测群防组织体系和监测业务流程不断完善。在群测群防点的基础上建设了专群结合监测点，已对辖区内**处重要地质灾害隐患点安装了普适型监测仪器，专群结合的监测网络初步建立。县级气象风险预警工作全面展开，在重点防范期内（汛期、冻融期）加强对涉灾乡镇和防灾部门的督促与检查，定期在全县范围通报督查情况，遇极端天气预报，及时通过政务信息平台，以短信、微信的形式下达防灾通知，明确责任，做好预防。监测预警在地质灾害防灾减灾中发挥了重要作用。

3.宣传培训力度不断加大

充分利用广播、电视、报纸、网络等媒介，广泛宣传地质灾害防治知识。在地球日、土地日、防灾减灾日，共计发放宣传单**万余份，悬挂宣传横幅**条，展出地质灾害展览板**块。通过这些方式向地质灾害威胁区域宣传普及地质灾害防治知识，提升人民群众的防灾减灾意识。同时，坚持每年组织开展至少1次地质灾害防治知识及业务培训班，邀请省内地质灾害专家对各乡镇分管地质灾害负责人及监测员进行培训，培训人员共计**多人次。通过系统开展地质灾害防治知识科普宣传和专项培训，广大干部群众识灾避险的意识和能力有了明显提升。

4.综合治理取得明显成效

按照灾情险情的危害危险程度，紧密结合地质灾害综合防治体系建设、易地扶贫搬迁和新农村建设，多方筹集资金实施地质灾害综合治理工程。"十三五"期间，我县争取国家、省级地质灾害工程治理资金约××万元，先后开展了×××乡××村小学沟岸崩塌、××乡×××村沟岸崩塌、××乡××村不稳定斜坡、×××乡×××庄社滑坡等**项地质灾害治理工程，实施了××户地质灾害避险搬迁工程，使原××处地质灾害隐患得到了有效防治或消除，受威胁人口减少**人，受威胁财产减少**亿元，地质灾害综合治理工程取得了良好的防灾减灾效益。

5.应急体系日趋完善

成立了由县政府分管领导为总指挥，应急、自然资源、住建、水务、交通、民政等相关部门分管领导参加的地质灾害应急指挥部，组织协调地质灾害应急防治工作。县自然资源局成立了地质灾害应急办，地质灾害应急装备和应急平台建设得到一定程度加强，突发地质灾害应急预案体系初步建立。"十三五"期间共完成**次突发地质灾害应急处置任务，应急办在应急排险工作中发挥了重要作用。初步建立了××处应急避险场所及相应紧急撤离道路。按照市局地质灾害防治工作"六个一"的要求，×××县各自然资源所和辖区乡镇政府、村委会开展了××次地质灾害应急演练活动，制定了各地质灾害隐患点的应急预案，配备了应急物资，做到了预警有手段、转移有路线、避灾有地点、安置有方案、救治有保障，地质灾害应急能力建设逐渐得到加强。

6.防治管理工作不断加强

县政府成立了地质灾害防治工作领导小组，组织协调全县地质灾害防治工作。同时，在县政府统一安排下，各乡镇也相应成立了防治工作领导小组。地质灾害防治工作从制度入手，制定了岗位责任制、汛期值班制度、应急调查处理制度、汛前排查制度、汛中巡查制度、汛末核查制度、地质灾害速报制度和危险性评估等地质灾害防治管理制度。建立了1个县级标准值班室，人员已落实到位。引入第三方监督机构，提高了项目管理水平。地质灾害防治管理的不断加强，为全县地质灾害防治工作提供了有效的组织和制度保障。

（三）"十四五"防治形势

"十四五"期间，全县地质灾害防治工作面临诸多不确定因素和挑战，总体上看，地质灾害防治形势不容乐观。一是地质环境条件的特殊性和工程活动的不断加剧，决定了地质灾害的潜在威胁依然存在。县域地貌形态多样、地质构造复杂、降水时段集中、生态环境脆弱、松散岩组广泛分布、地质灾害隐患多。二是随着经济社会的快速发展，各类工程活动还会继续增加，引发滑坡、崩塌、泥石流的可能性仍会增大。三是随着城市经济的发展和城市人口的快速增加，对地质灾害防治与城镇化建设、地质环境保护与矿产开采相结合的要求越来越高、越来越迫切。四是加快推进生态文明建设和社会经济高质量发展对地质灾害防治工作提出更高要求。

虽然"十三五"期间地质灾害防治工作取得了明显成效，但与地质灾害突发易发的严峻形势和经济社会发展对防灾工作的要求相比，仍然存在一些亟待加强的薄弱环节。

1.防治工作任务依然繁重

据统计，全县**个乡镇，共计**人受到地质灾害的威胁。由于地质灾害防治资金投入有限，治理工程、搬迁工程较难实施，已有的防灾工程标准较低，治理不彻底。近年来人类活动日益加剧，社会经济发展与地质灾害防治的矛盾依然存在，加之极端天气增多，使得地质灾害发生的频率和造成的损失呈上升趋势，防治任务依然繁重。

2.监测预警水平有待提高

我县地质灾害分布范围广，地质灾害多发突发，给地质灾害监测预警系统建设造成了一定的困难。目前，地质灾害监测预警主要以人工巡查为主，单点专业监测设备投入不足，群测群防专业化水平和科学普及水平较低，地质灾害群专结合的监测预警体系有待完善；地质灾害隐患点的群测群防监测网络虽已基本全面覆盖，但其监测精度有待进一步提高；预警预报系统和基于GIS的地质灾害信息系统平台尚不完善，对地质灾害不能及时提供科学、便捷、准确的预报预警，亦不能提供地质灾害系统资源的动态查询，难以实现信息资源共享，无法为政府决策提供基础服务；汛期"三查"深度较低，对地质灾害隐患难以及时发现；地质灾害预警预报合作联动机制尚不完善，不能及时有效地发布地质灾害预警信息。

3.防治经费投入不足

随着人口密度的增加，人类活动的强度日益加剧，滑坡、崩塌、泥石流等地质灾害分布范围增大，灾害点数量增多，综合治理耗资巨大，而防治经费投资渠道单一，主要以政府出资为主，稳定的地质灾害防治经费投入机制尚未建立，地质灾害防治资金投入远远不能满足地质灾害防治需要，大量地质灾害得不到有效的监测预警与防治，仍然威胁着人民生命和财产安全。

4.应急体系建设仍显薄弱

地质灾害隐患数量多，分布范围广，风险隐患排查难度大，且地质灾害多为突发，应急救援难度大。地质灾害应急体制和多部门联动、协同处置机制不健全，基层应急管理工作有待加强。应急管理平台建设不完善，应急管理自动化和信息化水平较低。专业应急队伍力量薄弱，专业应急救援队伍和装备数量不足，志愿者等社会辅助应急力量组织薄弱。宣传教育和应急演练开展不够广泛，应急避险场所建设滞后，应急救援的社会参与度不高，公众危机意识不强，自救、互救能力不高。

5.避险搬迁难度大

县域内地质灾害点多、面广、威胁人口财产众多，实施避险搬迁难度大。一是搬迁安置选址难。当地群众主要依靠农业为生，耕种生活难以远离原址，而原址往往处于地质灾害高、中易发区，就地选择安全的搬迁安置区难度大。二是搬迁安置资金筹措难度大。地质灾害隐患区居住的群众经济能力有限，搬迁安置资金主要依靠政府投资，资金统筹协调难度大。

二、规划的指导思想、基本原则和规划目标

（一）指导思想

以习近平新时代中国特色社会主义思想为指导，全面贯彻党的十九大和十九届二中、三中、四中、五中全会精神，全面贯彻习近平总书记"两个坚持、三个转变"等防灾减灾工作的重要论述精神，坚持以人民为中心的防灾思想，全面加强地质灾害调查评价、监测预警、综合治理、应急能力四大体系建设。充分依靠科技进步和管理创新，加强基础工作和新技术应用，不断提升地质灾害防治能力，最大限度地避免和减轻地质灾害造成的人员伤亡和财产损失，为全县社会经济发展提供安全保障。

（二）基本原则

1.以人为本，生命至上

牢固树立以人民为中心的防灾思想，始终把保护人民生命财产安全作为地质灾害防治工作的出发点和落脚点，将受地质灾害威胁的人员密集区作为防治重点，最大限

度地减少因地质灾害造成的人员伤亡和财产损失。

2.预防为主，防治结合

坚持监测预警、避险搬迁与工程治理相结合，坚持专业监测与群测群防相结合，充分发挥政府的主导作用，优化城市建设布局，加强工程活动管控，提高监测预警水平，加大避险搬迁力度，推进治理工程建设，多管齐下，综合施策，全面降低灾害风险。

3.统筹规划，突出重点

统筹部署调查评价、监测预警、避险搬迁、综合治理等工作，重点部署人口密集区、重点规划建设区、重要基础设施分布区、重要工程建设区的防灾工作，统筹规划，分步实施，因地制宜，先急后缓，协调推进。

4.优化工程，绿色治理

治理工程是地质灾害防治的有效手段之一，规划治理工程项目时应坚持生态文明建设，治理工程布局要与全面落实黄河流域生态环境综合治理的目标任务相结合。治理工程要在安全有效、经济合理的前提下，根据国土空间规划、城镇发展规划等，兼顾环境保护，确保绿色治理。

5.明确责任，协调联动

政府是地质灾害防治工作的主体，形成政府组织领导、部门分工协作、乡镇落实责任、社会共同参与的工作责任机制。按照地质灾害灾情险情等级，明确县、乡镇、村分级管理责任。人为活动引发的地质灾害，按照"谁引发、谁治理"的原则由责任单位承担治理责任。

6.科学防灾，注重实效

重视新技术、新方法的推广应用，充分发挥科技支撑作用；发挥专业队伍优势和作用，提升地质灾害调查和监测预警精度；提高防治工作信息化水平；实现科学防灾减灾，注重防灾减灾实效。

（三）规划目标

力争到2025年基本建成与我县防灾形势相适应的科学高效的地质灾害风险防控体系，全面提升地质灾害防治水平，使地质灾害发生率明显降低，地质灾害人员伤亡和经济损失明显减少，社会公众地质灾害防治意识和能力明显增强，显著降低地质灾害风险。

三、防治区划

（一）地质灾害易发区

综合地质灾害影响因素和历史灾情，按其发育程度将全县划分为高易发区、中易发区、低易发区和不易发区4个易发分区，共计**个段，其中地质灾害高易发区面积** km²、中易发区面积** km²、低易发区面积** km²、不易发区面积** km²，分别占全县总面积的**%、**%、**%、**%。

1.高易发区（A）

主要分布于×××乡、××镇、××乡、×××乡北部；××乡、××镇、××镇、××乡；××镇南部及××镇、××乡局部。

区内发育地质灾害**处，占全县地质灾害点总数的**%，其中滑坡**处、崩塌**处、泥石流沟**条，地质灾害点密度为每平方千米**点。

（1）县域北部××乡—×××乡、县域东部××镇—××镇地质灾害高易发段（A1）

主要位于×××乡东部—×××乡—××镇—×××镇西部一带，发育滑坡、崩塌、泥石流地质灾害，面积为** km²，占全县总面积的**%。

该段主要处于黄土丘陵区，地质灾害发育于山前斜坡带与侵蚀切割沟谷岸坡两侧。段内发育地质灾害**处，其中滑坡**处、崩塌**处、泥石流沟**条。滑坡与崩塌稳定性差的**处，稳定性较差的**处；泥石流易发程度为中易发的**处，低易发的**处。

（2）××河右岸××乡—××镇地质灾害高易发段（A2）

主要位于××河右岸××乡—××镇—××乡—××镇一带，发育滑坡、崩塌地质灾害，面积为** km²，占全县总面积的**%。

该段处于黄土丘陵地貌区，地质灾害发育于山前斜坡带与侵蚀切割沟谷岸坡两侧。段内发育地质灾害**处，其中滑坡**处、崩塌**处。滑坡与崩塌稳定性差的**处，稳定性较差的**处。

（3）××镇—××乡—××乡局部地质灾害高易发段（A3）

主要位于××河上游左岸××镇—××乡—××乡局部地段，发育滑坡、崩塌地质灾害，面积为** km²，占全县总面积的**%。

该段处于××河左岸高阶地与黄土丘陵地貌区，地质灾害发育于山前斜坡带。段内发育地质灾害**处，其中滑坡**处、崩塌**处。滑坡与崩塌稳定性差的**处，稳定性较差的**处。

2.中易发区（B）

主要分布于×××河两岸××镇、×××乡、×××镇、×××乡、×××乡、××乡、×××乡、××乡、××镇及×××林场。

区内发育地质灾害**处，占全县地质灾害点总数的**%，其中滑坡**处、崩塌**处、泥石流沟**条，地质灾害点密度为每平方千米**点。

（1）县域东部×××镇—×××林场—××乡地质灾害中易发段（B1）

主要位于县域东部×××林场一带，发育滑坡和泥石流地质灾害，面积为** km²，占全县总面积的**%。

该段处于中山地貌区，地质灾害发育于山前斜坡带。段内发育地质灾害**处，其中滑坡**处、泥石流沟**条。滑坡的稳定性较差，泥石流易发程度为高易发。

（2）×××河左岸××镇—×××乡地质灾害中易发段（B2）

主要位于×××河左岸××镇、××乡、×××镇、×××乡、×××乡局部，发育滑坡、崩塌和泥石流地质灾害，面积** km²，占全县总面积的**%。

该段处于黄土丘陵地貌区，地质灾害发育于山前斜坡带、侵蚀切割沟谷和沟谷岸坡一带。段内发育地质灾害**处，其中滑坡**处、崩塌**处、泥石流沟**条。滑坡与崩塌稳定性差的**处，稳定性较差的**处；泥石流易发程度为中易发的**处，低易发的**处。

（3）××河左岸××镇—××镇地质灾害中易发段（B3）

主要位于××河左岸××镇、××乡、×××乡、××镇、×××乡局部，发育滑坡、崩塌地质灾害，面积** km²，占全县总面积的**%。

该段处于黄土丘陵地貌区，地质灾害发育于山前斜坡带、侵蚀切割沟谷岸坡两侧。段内发育地质灾害**处，其中滑坡**处、崩塌**处。滑坡与崩塌稳定性差的**处，稳定性较差的**处。

（4）×××河右岸×××乡—××镇地质灾害中易发段（B4）

主要位于×××河右岸×××乡、×××乡、×××乡、××乡、××镇局部，发育滑坡、崩塌地质灾害，面积** km²，占全县总面积的**%。

该段处于黄土丘陵地貌区，地质灾害发育于山前斜坡带、侵蚀切割沟谷岸坡两侧。段内发育地质灾害**处，其中滑坡**处、崩塌**处。滑坡与崩塌稳定性差的**处，稳定性较差的**处。

3.低易发区（C）

主要分布于黄河河谷以南×××、××乡，×××河河谷×××乡，××河、××河河谷××镇、××镇、××乡、××镇。

区内发育地质灾害**处，占全县地质灾害点总数的**%，其中滑坡**处、崩塌**

处、泥石流沟**条，地质灾害点密度为每平方千米**点。

（1）××××镇—××乡地质灾害低易发段（C1）

主要位于黄河河谷右岸×××镇、××乡、×××镇及×××林场局部，发育滑坡、崩塌和泥石流地质灾害，面积** km²，占全县总面积的**%。

该段处于黄河河谷和黄土丘陵地貌区，地质灾害发育于山前斜坡带和侵蚀切割沟谷。段内发育地质灾害**处，其中滑坡**处、崩塌**处、泥石流沟**条。滑坡与崩塌稳定性差的**处，稳定性较差的**处；泥石流易发程度为中易发的**处，低易发的**处。

（2）××河河谷—××河河谷—×××乡地质灾害低易发段（C2）

主要位于××河河谷—××河河谷—×××乡一带；发育滑坡、崩塌、泥石流地质灾害，面积** km²，占全县总面积的**%。

该段处于××河、××河河谷及黄土丘陵地貌区，区内的地质灾害主要发育于河谷阶地前缘、侵蚀切割沟谷一带。段内发育地质灾害**处，其中滑坡**处、崩塌**处、泥石流沟**条。滑坡与崩塌稳定性较差；泥石流易发程度为低易发。

4.不易发区（D）

主要分布于×××河河谷，面积** km²，占全县总面积的**%。涉及×××镇、×××乡、×××乡及×××乡等4个乡镇。

该段处于河谷阶地地貌区，区内地势平坦开阔，地质灾害基本不发育，仅局部发育**处滑坡。

（二）地质灾害防治分区

根据地质环境条件、地质灾害发育分布规律、地质灾害隐患点的危害和威胁特征、流域界线等要素以及地质灾害易发性分区结果，结合经济社会发展布局和行政区划划分地质灾害防治分区。

将全县划分为重点防治区、次重点防治区和一般防治区3个防治区、9段。其中地质灾害重点防治区面积** km²、次重点防治区面积** km²、一般防治区面积** km²，分别占全县总面积的**%、**%、**%。

1.重点防治区（A）

主要分布于××××河两岸××乡、××镇、××乡、×××镇、×××镇、××镇、××××乡、×××乡、×××乡、××乡、××镇及××河两岸××镇、×××乡、××乡、××镇、××乡，面积** km²。区内发育地质灾害**处，占全县地质灾害点总数的**%，其中滑坡**处、崩塌**处、泥石流沟**条，威胁人口**人，威胁财产**万元。

对危险性特大型、大型及治理投资效益比高的地质灾害隐患点应采取以工程治理为主的综合治理措施进行治理；对规模较大，治理费用高、效益差的地质灾害隐患点，则以避险搬迁、监测预警为主。

（1）××乡—×××镇地质灾害重点防治段（A1）

主要位于黄河南岸×××镇、××乡、××镇、××乡、×××镇、×××乡局部，发育滑坡、崩塌、泥石流地质灾害，面积**km²。段内发育地质灾害**处，其中滑坡**处、崩塌**处、泥石流沟**条，威胁人口**人，威胁财产**万元。将威胁村庄、道路的滑坡、崩塌及泥石流地质灾害规划为防治重点，主要采取工程治理、避险搬迁与监测预警相结合的综合治理措施，严格控制切坡建房等工程活动，强化群测群防体系和气象预报工作。

（2）×××乡—×××镇地质灾害重点防治段（A2）

主要位于×××河右岸×××乡、××乡、×××乡、××乡、××乡、××××乡、×××镇局部，发育滑坡、崩塌、泥石流地质灾害，面积为**km²。段内发育地质灾害**处，其中滑坡**处、崩塌**处、泥石流沟**条，威胁人口**人，威胁财产**万元。将威胁城镇、村庄、道路的滑坡、崩塌及泥石流灾害规划为防治重点，主要采取工程治理、避险搬迁与监测预警相结合的综合治理措施，严格控制切坡建房等工程活动，强化群测群防体系和气象预报工作。

（3）××镇—××镇地质灾害重点防治段（A3）

主要位于××镇—×××乡—××乡—××镇一带，发育滑坡、崩塌地质灾害，面积**km²。段内发育地质灾害**处，其中滑坡**处、崩塌**处，威胁人口**人，威胁财产**万元。将威胁村庄、道路的滑坡、崩塌灾害规划为防治重点，主要采取监测预警的防治措施，规范工程活动，对灾害点进行群测群防，加强气象预报工作。

（4）××河右岸××乡—××乡地质灾害重点防治段（A4）

主要位于××河右岸××乡—××镇—××乡一带，发育滑坡、崩塌、泥石流地质灾害，面积为**km²。段内发育地质灾害**处，其中滑坡**处、崩塌**处、泥石流沟**条，威胁人口**人，威胁财产**万元。将威胁村庄、道路的滑坡、崩塌及泥石流灾害规划为防治重点，主要采取监测预警的防治措施，严格控制切坡建房等工程活动，对灾害点进行专群结合监测预警，加强气象预报工作。

2.次重点防治区（B）

主要分布于黄河南岸××××镇、××乡、××乡、×××乡、××镇局部；××河、××河河谷及×××乡、××镇、××镇，面积**km²。区内发育地质灾害**处，其中滑坡**处、崩塌**处、泥石流沟**条，威胁人口**人，威胁财产**万元。对这些区域除了实施工程治理、避险搬迁、监测预警等措施外，重点要规范工程活动，保护生态环境。

（1）××河左岸×××镇—××乡地质灾害次重点防治段（B1）

主要位于××河左岸×××镇、××乡、××乡、×××镇局部，发育滑坡、崩塌、泥石流地质灾害，面积为** km²。段内发育地质灾害隐患**处，其中滑坡**处，崩塌**处，泥石流沟**条，威胁人口**人，威胁财产**万元。区内地形局部较为陡直，易发生滑坡、崩塌地质灾害，对该段以监测预警为主，必要时可采取避险搬迁的措施，并且要规范切坡建房等工程活动。

（2）黄河南岸××乡—××镇北部地质灾害次重点防治段（B2）

主要位于黄河南岸××乡—××乡—××镇北部一带；发育滑坡、崩塌地质灾害，面积** km²。段内发育地质灾害隐患**处，其中滑坡**处、崩塌**处，威胁人口**人，威胁财产**万元。该段地质灾害主要沿侵蚀切割沟谷岸坡两侧发育，将威胁村庄、道路的滑坡、崩塌灾害主要采取以监测预警为主的防治措施，必要时可采取避险搬迁的措施，并且要规范切坡建房等工程活动。

（3）××河—××河河谷地质灾害次重点防治段（B3）

主要位于××河、××河河谷及×××乡、××镇、××镇局部，发育滑坡、崩塌、泥石流地质灾害，面积** km²。段内发育地质灾害**处，其中滑坡**处、崩塌**处、泥石流沟**条，威胁人口**人，威胁财产**万元。该段地形较为平缓，对威胁村庄、道路的滑坡、崩塌灾害主要采取工程治理和监测预警相结合的防治措施，并且要规范切坡建房等工程活动。

3.一般防治区（C）

主要分布于黄河河谷、×××河河谷及×××林场，面积** km²。区内发育地质灾害**处，其中滑坡**处、崩塌**处、泥石流沟**条，威胁人口**人，威胁财产**万元。对这些区域主要采取监测预警的防治措施，规范工程活动，保护生态环境。

（1）黄河河谷×××镇、××乡局部地质灾害一般防治区（C1）

位于××河河谷×××镇、××乡局部，面积为** km²。区内地势平坦开阔，地质灾害弱发育，防灾工作的主要措施是监测预警、规范人类工程活动、宣传防灾基本知识、健全群测群防网络。

（2）×××林场—×××河河谷地质灾害一般防治区（C2）

主要位于×××林场—×××河河谷一带，面积** km²。×××林场人口稀少，人类工程活动弱，地质灾害弱发育；×××河河谷地势平坦开阔，人类工程活动强烈，地质灾害弱发育，为主城区所在地，区内人口和财产密集分布。区内发育地质灾害隐患**处，其中滑坡**处、崩塌**处、泥石流沟**条，威胁人口**人，威胁财产**万元。防灾工作的主要措施是监测预警、宣传防灾基本知识、健全群测群防网络，且要严格控制工程活动，避免引发地质灾害。

四、地质灾害防治工作部署

立足于×××县"十四五"社会经济发展规划及社会经济发展水平，根据地质灾害发育特征、危害性、防治现状，以及《规划》确定的原则、目标及任务，部署地质灾害防治任务。×××县地质灾害防治体系主要有调查评价、监测预警、综合治理、应急支撑、能力建设五个方面。

1.调查评价

一是开展年度地质灾害排查，动态更新重要地质灾害点的分布特征和可能影响范围。二是核实已查明的重要地质灾害点是否有新增变形迹象及危害情况；重新核定各重要灾害点的危险区范围及威胁对象变化情况；核查地质灾害点周围警示牌的设置情况；核实受威胁对象的防灾明白卡和避险明白卡发放情况；核实地质灾害点监测责任人、监测员到岗到位情况；校核防灾预案中的避险撤离路线及灾害点现场撤离路线的准确性，核实有无新增的地质灾害点。核查工作由县自然资源局按核查要求组织实施，核查成果报州自然资源局审核后编制年度核查报告，核查成果资料作为下一年度指导地质灾害防治工作的基础依据。三是对新发现、新发生的地质灾害进行应急调查，确定防治方案并开展应急处置，以确保地质灾害对人民生命财产及社会经济的危害程度降至最低。四是推进受地质灾害威胁的重要乡镇开展1∶1万精细化风险调查评价工作（专栏2），开展地质灾害形成机理、发展趋势和危害范围研究，提高地质灾害预测预警水平，提高地质灾害风险管控能力。

专栏2　精细化风险调查评价规划表（样例）

序号	乡镇	经费/万元	规划实施年份
1	×××镇		2023
2	××镇		2023

2.监测预警

（1）细化群测群防网格建设

细化群测群防网格管理，夯实社区监测预警能力建设，将户主、单位法人等最小单元纳入群测群防体系，推广地质灾害群测群防APP应用，落实群测群防员补助经费，建成群测群防员+网格管理员+乡镇+县（市、区）的四级群测群防网络体系。

（2）加强专群结合监测预警建设

在覆盖全县地质灾害隐患点的群测群防网络基础上，逐步完善以专业监测为主、群测群防为辅的地质灾害监测预警体系。加快普适性监测仪器的安装应用，建立"人防+技防"相结合的新型专群结合监测预警体系。进一步对×××乡××村小学滑坡、××乡××村四社滑坡等**处重要地质灾害隐患点实施专群结合监测（专栏3），通过安装普适性监测设备，对地质灾害地表及深部变形破坏、相关因素、宏观前兆等指标开展专业化立体综合监测，实现地质灾害多指标的自动化监测与预警。

专栏3　×××县地质灾害专群结合监测点建设规划表（样例）

序号	县(市)统一编号	灾害点名称	险情等级	规划年度
1	**0100003	×××乡×××社1#滑坡	中型	2021—2022
2	**0100005	××××乡××村小学滑坡	大型	2021—2022
3	**0100006	×××乡×××村××社滑坡	中型	2021—2022
4	**0100008	×××乡××村×社滑坡	中型	2021—2022
5	**0100034	×××乡××庄滑坡	中型	2021—2022

（3）进行精细化地质灾害气象风险预警建设

依托市地质灾害气象风险预警平台，建立县级地质灾害气象风险预警平台，对已实施专业监测预警的灾害点的监测数据进行统一集中管理，结合气象监测资料，建立适宜的预警模型，提升地质灾害气象风险预警的精细化程度、准确性和实用性。

3.综合治理

（1）避险搬迁

按照"以人为本，预防为主，治理与避让相结合，全面规划与突出重点相结合"原则，"十四五"期间，对变形明显、稳定性差、危险性大、治理难度大、治理效益比差的地质灾害点，对其威胁对象实施避险搬迁工程。结合新农村建设、旧城改造、棚户区改造等项目，在群众自愿和条件允许的前提下，有计划地、分期分批组织受地质灾害威胁的群众搬出易发区或危险区，安置到安全且生产生活方便、地质灾害威胁较小的地段，消除大部分严重危及城乡住户的地质灾害隐患，提高群众生活质量，确保群众生命财产安全。

根据我县地质灾害实际，规划"十四五"期间对辖区受地质灾害严重威胁的居民进行避险搬迁（专栏4）。

专栏4　避险搬迁规划表（样例）

序号	治理措施	搬迁户数/户	人数/人
1	避险搬迁		
2			

（2）工程治理

继续组织完成好"×××县地质灾害综合防治体系建设方案"中地质灾害防治工程。结合×××县乡村振兴、生态环境治理与修复及山水林田湖草等重大民生工程，对区内稳定性差、危险性大，直接威胁城镇、居民密集区、重要基础设施安全，且不宜搬迁的地质灾害实施综合治理工程，规划治理项目**个（专栏5），以努力消除重大隐患为目标，争取列入省级项目库。

专栏5　×××县工程治理项目规划表（样例）

编号	地质灾害或治理工程名称	治理措施	费用估算/万元	实施年度
1	×××镇×××村滑坡治理工程	挡土墙+谷坊坝+排水		2021—2022
2	××乡×村不稳定斜坡治理工程	回填反压+排水+绿化		2022—2023
3	××乡×村泥石流灾害治理工程	拦挡坝、排导堤、沟道清淤		2023—2024
4	××乡××小学不稳定斜坡治理工程	锚索桩板墙+排水		2024—2025
5	××公园不稳定斜坡治理工程	抗滑桩、重力式挡土墙、截排水		2024—2025
合计				

（3）排危除险工程

地质灾害排危除险工程是指《地质灾害防治条例》所规定的突发地质灾害应急预案启动后，为减轻和控制地质灾害灾情应急布置的地质灾害治理工程。

《规划》期内突发地质灾害，具备治理工程实施条件的，实施地质灾害排危除险工程。不具备工程治理条件的，采取临时避险搬迁等应急措施。

（4）已有治理工程的维护和修复

地质灾害治理工程在经过多年运行后，存在着损毁或防灾能力下降等问题，规划由县自然资源部门定期对已完成的治理工程进行复查，对受损或防治能力降低的地质灾害治理工程，及时采取清淤、加固、维修等措施进行维护，确保防治工程的长期安全运行。

4.应急支撑

以县自然资源部门为责任主体，实行地质灾害防治专家、专业技术队伍分片分区负责的应急支撑保障制度。县自然资源部门按照就近原则，选择1～2支专业队伍成立应急分队，建立汛期驻守制度，在专家组领导下完成辖区内的突发地质灾害应急调查、勘查、处置等技术支撑任务。

5.能力建设

（1）加强地灾防治制度建设

加强以县级政府为主导的地质灾害防治工作领导责任制，完善地质灾害速报、汛期值班、汛期巡查、汛期驻守、防灾预案、防治规划等制度。

（2）完善地灾防治装备配置

为我县地质灾害防治队伍配备常用的防治装备，给群测群防员配置简易监测设备，逐步提高地质灾害防治装备现代化水平和防治能力。

装备配置以整合资源、补缺纳新为原则，及时配备必需的应急装备，以满足日常工作（专栏6）。

专栏6　地质灾害防治装备配置规划表（样例）

编号	装备	数量	单价/元	费用/万元	实施年度
1	激光测距仪				
2	无人机				
3	车辆				
4	便携式发电机				
5	强光手电筒				
6	铜锣				2021—2025
7	高音喇叭				
8	监测工具包				
9	雨衣、雨鞋				
10	应急强光照明灯				
11	对讲机				
12	警示灯				
合计					

（3）加强宣传培训演练

一是县地质灾害防治工作小组协调组织成员单位开展地质灾害防灾避险演练，每年汛前至少组织一次演练，确保一旦出现临灾前兆能快速有序组织群众转移避让。根据防灾预案，针对重要隐患点每年组织开展应急演练1～2次（专栏7），演练前需编制演练脚本，各部门根据自己的职责进行协调分工，演练内容包括灾情发生后预案启动、受灾群众转移、安置，救灾抢险，地质灾害应急调查、排查等相关内容，做到开展演练"有班子、有机制、有预案、有队伍、有物资、有内容"。

二是加强地质灾害防治知识宣传培训。每年开展地质灾害防治知识培训活动1～2次（专栏7），培训对象主要为群测群防员和相关工作人员，培训内容主要包括地质灾害识别、使用简易手段对地质灾害的监测、简易监测设备的使用、灾害变形后的速报流程等，使其掌握地质灾害应急处置的相关知识及基本技能，增强应对突发地质灾害的能力。每年开展地质灾害防治知识宣传不少于2次，以印发宣传材料、微信宣传、微视频宣传、口头宣讲等方式向群众宣传地质灾害防治知识；组织中小学生观看地质灾害防治宣传片，让他们从小树立地质灾害防治意识。

专栏7　防灾避险宣传培训演练规划表（样例）

编号	项目	数量/次	单价/万元	费用/万元	实施年度
1	应急演练				
2	培训				2021—2025
3	宣传				

（4）完善信息发布与舆论引导

完善应急新闻宣传管理相关规定，制定工作方案，提升应急宣传能力。拓宽与媒体、公众等对象的沟通渠道，及时、准确发布突发灾情信息，保障公众知情权，把握舆论主动权，为应对突发地质灾害事件创造良好的舆论氛围。

五、投资估算和资金筹措

（一）投资估算

"十四五"期间，全县地质灾害防治经费总计**万元。其中，调查评价经费**万元，占总经费的**%；监测预警经费**万元，占总经费的**%；综合治理经费**万元，占总经费的**%（其中治理工程**万元，避险搬迁工程**万元，排危除险工程**万元，已有防治工程维修经费**万元）；应急支撑经费**万元，占总经费的**%；能力建设经费**万元，占总经费的**%，详见专栏8。

专栏8　投资估算汇总表（样例）

序号	项目类型	经费投资/万元	比例
一	调查评价		
1	地质灾害排查		
2	精细化地质灾害风险调查（1:1万）		
二	监测预警		
1	群测群防员补助		

序号	项目类型	经费投资/万元	比例
2	专群结合监测预警建设		
3	精细化气象风险预警		
三	综合治理		
1	治理工程		
2	避险搬迁工程		
3	排危除险工程		
4	已有防治工程维护、修复		
四	应急支撑		
1	应急支撑		
五	能力建设		
1	装备配备		
2	演练		
3	宣传		
4	培训		
合计			100.00

（二）资金筹措

依据《地质灾害防治条例》规定，因自然因素引发的危害公共安全的地质灾害防治资金，在划分财权、事权的基础上，分别列入中央和地方各级财政预算。

（1）地质灾害精细化风险调查申请中央财政资金。

（3）地质灾害专群监测申请中央财政资金，精细化地质灾害气象风险预警由省级与县级共同承担，群测群防员补助资金由县级财政负责落实。

（3）重大地质灾害工程治理经费主要申请中央财政资金。因自然因素造成的大型地质灾害综合治理，由省级与市县共同承担。因自然因素造成的中、小型地质灾害综合治理，由市县承担支出责任。因工程建设等人为因素引发的地质灾害，按照"谁引发、谁治理"的原则，由责任单位或责任人承担治理经费。同时引导、鼓励企业等其他资金渠道投入，实施开发性治理。

（4）因自然因素引发的地质灾害避险搬迁所需经费，申请中央财政资金给予补助。

（5）应急支撑、防治技术装备、防灾避险宣传培训演练经费申请县级财政资金支持，同时鼓励地方政府、企业和非政府防灾减灾组织等其他资金渠道投入。

本次规划我县地质灾害防治经费**万元，其中拟申请中央财政支持**万元，占总投资估算的**%；省财政**万元，占总投资估算的**%；县级财政**万元，占总投资估算的**%。鼓励社会资金投入地质灾害防治工作。

六、环境影响与效益评估

（一）社会效益评价

地质灾害的不断发生会带来一系列的社会问题，诸如灾区群众因灾致贫、生活水平下降及人地矛盾日益严重、生态环境不断恶化等。《规划》的实施，将进一步加强灾害风险防范、应急支撑和灾后恢复重建能力建设，大大提升我县地质灾害防治能力，减少地质灾害对人民群众生命财产的威胁，为我县民族团结、社会和谐稳定发展奠定良好的基础。

（二）经济效益评价

通过采取地质灾害综合防治措施，可避免地质灾害的发生或降低其发生概率，有效保护受地质灾害威胁人民的生命财产安全。大力提升我县公众的防灾减灾意识，变被动救灾为主动防御，最大程度地减轻地质灾害可能造成的经济损失，减少因灾致贫、返贫现象的发生，为我县社会经济高质量发展提供地质环境安全保障。

（三）生态效益评价

通过《规划》的实施，践行绿色治理理念，坚持生态保护与治理工程相结合，可减轻对生态环境的破坏，保护因地质灾害损毁的土地资源、森林资源、水源和自然景观，改善人居环境。为推动资源节约型、环境友好型的和谐社会建设做出积极贡献，对构筑我县生态安全屏障具有十分重要和不可替代的意义。

七、保障措施

（一）加强组织领导，明确责任分工

根据《地质灾害防治条例》《××省地质环境保护条例》《×××县地质灾害防治方案》《×××县突发地质灾害应急预案》等，明确地质灾害防治职责分工。

县自然资源局负责地质灾害防治的组织、指导、协调和监督管理工作。负责灾情调查与监测工作，分析评估灾情危害危险程度；负责确定灾区及受威胁区的范围，提出对灾区、受威胁区应急处理方案。对防治工作所需经费及补助资金做出初步评估，提出资金使用计划。

县应急管理局负责应急救援救灾工作。

县宣传部负责突发性地质灾害防治工作的宣传报道。

县卫健局负责做好灾区伤员医疗救护、药品供应和卫生防疫工作，并进行疫情监测与防治。

县民政局负责灾区伤亡人员的安慰抚恤工作，设置灾民避难场所和救济物资供应点，调配、发放救济物品，做好灾区群众生产生活和救助安排。

县财政局负责突发性地质灾害防治经费筹措，并对经费使用情况进行监督。

县发展和改革局负责突发性地质灾害防治应急物资储备调运，提出救灾资金安排计划。

县公安局负责做好灾区封锁与治安管理，督促检查落实重要场所和救灾物资的安全保卫工作，依法打击危害公共安全的违法犯罪活动。

县交通运输局负责尽快抢修恢复灾区道路交通，确保灾区物资供应与人员输送畅通无阻。

县水务局负责尽快抢修恢复灾区供水、供电等基本生命线工程。

县住建局负责重建因灾倒塌和损坏的居民住房、校舍、医院等，提出灾害重建计划，帮助灾区恢复正常的生产和生活秩序。

县农业农村局配合地质灾害的救助，做好灾区气象服务保障工作。

县武装部负责动员人民解放军预备役人员进行抢险救灾，支持配合驻地搞好突发性地质灾害应急防治工作。

（二）坚持依法防治，完善制度体系

依据国家有关地质灾害防治的法律法规，按照"谁治理、谁受益"的原则，在土地出让、矿产开发、规划选址、安置补偿、税费减免、社会保障等方面制定优惠政策，利用市场化方式引进社会资金，鼓励企业（或个人）参与地质灾害治理；严格落实易发区（危险区）地质灾害危险性评估制度，对经评估认为可能引发地质灾害或者可能遭受地质灾害危害的建设工程，应当配套建设地质灾害治理工程。严格执行地质灾害防治目标责任制度、地质灾害限期防治制度、汛期地质灾害预报防灾制度、灾情巡查制度、值班制度、灾情速报制度等。每年汛前，县自然资源局依据地质灾害防治规划，制定年度地质灾害防治方案，报县政府批准后实施。

（三）拓宽筹资渠道，加强资金保障

建立政府、社会和责任者共同参与的地质灾害防治机制。地方各级政府要进一步加大资金投入，将地质灾害防治费用纳入本级财政预算，建立地质灾害防治专项资金。鼓励社会资金参与，坚持共享发展理念，积极探索"政府主导、政策扶持、社会参与、多元化治理"的地质灾害防治新模式。

（四）重视监督考核，确保工作落实

按照年度目标任务要求加大督促检查力度，挂图作战，挂牌督办，实行月度通报、年度考核制度，考核结果与领导干部奖惩相挂钩，确保按期完成任务；要加大对相关部门履职情况的督查力度，发现问题及时责令限期整改。对地质灾害防治工作领导不力、工作不到位造成严重后果，以及在地质灾害防治与抢险救援工作中有失职渎职等行为的，要依法依规严肃追究相关人员责任。

（五）依靠科技进步，实现科学防灾

（1）引进科技人才，依靠科技进步，鼓励技术创新。利用遥感技术（RS）、地理信息系统（GIS）、卫星定位系统［GPS、无人机、机载雷达、合成孔径雷达干涉测量（InSAR）技术等］，建立地质灾害信息采集、快速处理和信息共享机制，实现地质灾害在线监测。

（2）充分发挥科研单位与院校技术力量，利用现代科学技术方法和手段，解决地质灾害防治的关键技术问题和难题，提高地质灾害的研究、勘查、评价和治理水平。

（六）加强宣传培训，增强防灾意识

通过进校园、进社区、进村庄等宣传活动，加强地质灾害防灾宣传培训，普及地质灾害防治知识，提高公众的防灾意识，使地质灾害防治成为全社会的自觉行动。各乡镇、村等应加强地质灾害防灾知识培训和应急演练，全面增强防灾意识。

附录三　×××县××××年度地质灾害防治方案

为切实做好×××县××××年度地质灾害防治工作，最大程度地避免或减轻地质灾害造成的损失，有效保护人民群众生命及财产安全，根据国务院《地质灾害防治条例》、《关于加强地质灾害防治工作的决定》（国发〔2011〕20号）、《××省地质灾害防治"十三五"规划》、市政府《关于加强地质灾害防治工作的意见》、《×××县地质灾害防治规划》的规定和要求，结合前一年度地质灾害综合防治体系建设的实施情况、地质灾害防治工作情况和全县地质灾害的摸排调查成果，特制定本方案。

一、地质灾害基本情况

（一）地质灾害的类型及分布

1.类型

×××县位于××断陷盆地的东部，总面积** km²，县内地质构造复杂，新构造运动强烈，地形起伏、沟壑纵横、谷深坡陡、黄土广布，气候干燥、降水集中、植被稀少，加之日益加剧的人类工程活动以及降雨等因素相互作用，使得县内滑坡、崩塌、泥石流、不稳定斜坡等地质灾害十分发育（表1）。

表1　×××县地质灾害发育类型及数量表（样例）

灾害类型	数量/处	比例/%
泥石流		
滑坡		
崩塌		
不稳定斜坡		
总计		

全县共有地质灾害隐患点**处，其中不稳定斜坡**处、滑坡**处、崩塌**处、泥石流沟**条（图1）。地质灾害威胁人口**万人，占全县总人口的**%，威胁财**亿元。

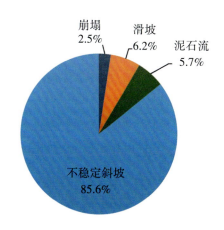

图1　×××县地质灾害类型及数量饼图

2.分布

据×××县地质灾害排查成果资料，县内地质灾害主要分布于南北两山斜坡坡脚一带人员居住密集区、交通线路沿线以及台塬斜坡地带。

（1）滑坡

县内滑坡共发育**处，分布面广、活动性强、危害性大。按物质组成可分为黄土滑坡、黄土-泥岩滑坡、堆积层滑坡和基岩滑坡四类。

黄土滑坡为主要的滑坡类型，具有分布面广、危害严重的特点，主要分布于×××坪、×××开发区、×××坪、×××坪、×××根、×××路×××城、×××沟、×××湾一带。

黄土-泥岩滑坡主要分布于×××一带，一般规模较大，主要集中于×××山—×××山—×××根一带。

堆积层滑坡主要分布于×××山北坡、×××根与×××湾陡坡地带，其堆积层一般较松散，岩土体混杂，底部与基岩的接触面倾向坡外，抗剪强度较低，且相对隔水。该类滑坡规模一般较小，多为浅层滑坡。

基岩滑坡主要分布于×××一带基岩裸露区，一般以小型为主。

（2）崩塌

县内共发育崩塌**处，按物质组成可分为土质崩塌和岩质崩塌两类。

土质崩塌为县内主要的崩塌类型，主要分布于河谷高阶地前缘及黄土丘陵区的高陡斜坡地带，坡体由马兰黄土、粉土、卵石组成。

岩质崩塌主要分布于南北两山×××石东部及×××山—×××山一带基岩出露地段，一般规模小。

（3）泥石流

县内泥石流较为发育，分布区域广，密度大。全县共有泥石流沟**条，其中南部山区**条，占**%；北部山区**条，占**%。

（4）不稳定斜坡

不稳定斜坡是县内分布最广、密度最高的地质灾害类型，共有**处。按物质组成可划分为土质不稳定斜坡、岩质不稳定斜坡和岩土质不稳定斜坡三类，其中以土质不稳定斜坡居多。

土质不稳定斜坡在全县分布面广、密度高，主要分布于河谷高阶地前缘及黄土丘陵区的高陡斜坡地带。

岩质不稳定斜坡和岩土质不稳定斜坡，主要集中分布于交通干线沿线和居民生活集中区附近基岩出露地段，多因工程建设开挖等人类工程活动所致。

（二）上一年度地质灾害防治情况

1.地质灾害灾情

上年全县共发生地质灾害**起，其中滑坡**起、崩塌**起、地面塌陷**起。灾害造成直接经济损失约**万元，威胁**人的生命安全，威胁资产约**万元。提交调查简报**份。

2.地质灾害防治情况

上一年度我县地质灾害防治工作主要从以下六方面开展：

（1）进一步完善并落实了汛期地质灾害值班、巡查制度和速报月报等各项制度；

（2）扎实开展了地质灾害群测群防体系建设和气象预警预报工作；

（3）加大了隐患排查检查力度，组织了多次全面细致的巡查和排查；

（4）对发生的地质灾害进行了及时妥善的处置；

（5）进一步加强了宣传教育培训工作，定期组织人员开展了应急预案演练活动；

（6）进一步加强了应急物资储备。

3.存在的主要问题

（1）地质灾害易发区分布在旧城区，旧城区的基础设施薄弱，居民自身防范意识和能力不强，主动避险和自救、互救能力不足；

（2）随着城镇化建设、棚户区改造及×××山生态环境建设的加速，工程建设活动对我县×××地带地质灾害隐患点影响的可能性加大，加之早期台塬斜坡地带人为加载、污水无序排放等遗留问题的影响，使得县内人为引发的地质灾害呈加剧趋势；

（3）极端气候的不确定性极大程度上影响区内地质灾害的发育；

（4）部分工程责任人地质灾害防治意识不强，所采取的防治措施不及时、不到位，进而加剧了地质灾害的发生；

（5）防治资金严重短缺，经费落实存在很多困难和问题。

（三）本年度地质灾害发展趋势预测

1.主要引发因素活跃程度预测

我县发育的崩塌、滑坡、泥石流、不稳定斜坡等地质灾害主要是自然和人为因素共同作用的结果。降水、冻融及不合理人类工程活动是本县地质灾害的主要引发因素。

（1）降水趋势预测

据市气象台气候预测：预计今年1—9月，全市降水偏多2成左右，温度偏高1 ℃左右；1—2月全市降水偏多2～3成；3—5月全市降水偏多2成左右，且时空分布不均。其中，3月略偏多，4月各地偏多2～5成，5月略偏多。夏季（6—8月）降水全市偏多2成左右。其中，6月全市大部降水略偏多，7月全市降水略偏少，8月全市降水偏多2成左右。预计9月全市大部降水偏多2成左右。

近年来，局地强降水造成的灾害比较严重，有关部门应按照监管职责分工，加强防汛工作，对滑坡、崩塌、泥石流多发地区及早采取措施，提高抵御地质灾害的能力。

（2）人为致灾因素变化趋势

本年度我县交通、水利、城镇基础设施等工程项目数量将有较大增幅，且规模相比往年较大，建设可能存在必要的山前斜坡切削、生态建设绿化灌溉及采矿等人为活动，这些人为活动引发的滑坡、崩塌、泥石流、地面塌陷等地质灾害将进一步增多。尤其是×××地区，工程活动引发滑坡、崩塌、泥石流等地质灾害，造成人员伤亡和财产损失的风险将呈加大之势。

2.×××年度地质灾害发展趋势预测

地质灾害的发生主要由自然因素和人为因素共同决定，参考我县上年度地质灾害发生的规律，并结合我县××××年降雨趋势预测和地质环境条件、人类工程活动及地震等影响因素分析，本年度我县地质灾害发育频度及危害程度将呈上升趋势。预测地质灾害高发期为3—4月冰雪冻融期和5—10月主汛期，引发原因以自然因素为主，地质灾害类型以滑坡、崩塌、泥石流为主；1月、2月、11月、12月为低发期，引发原因以人类工程活动为主，地质灾害类型以崩塌、滑坡、泥石流为主。

二、地质灾害重点防治时段和区域

（一）地质灾害重点防治时段

我县地质灾害防范期为全年度，重点防范期为3—4月份冻融期和5—10月份主汛期。现根据我县各类地质灾害的形成特点和主要引发因素，确定各地质灾害隐患点的重点防范期。

1.泥石流主要防范期

泥石流的形成必须具备三个条件：一是首先在地形上具备地势陡峻、沟床纵坡降大、流域形态便于水流汇集等基本条件；二是流域内存有丰富的松散固体物质条件；三是在流域中、上游要有充足的水源作为动力条件。

由于我县泥石流形成的前两个条件已经具备，影响泥石流活动的主要因素为降水，泥石流的活动强度直接决定于降水的强度和降水量的大小。因此，泥石流的防范期与大雨、暴雨的分布基本同期。根据我县的降水特点，确定泥石流的主要防范期为5—10月。

2.滑坡、崩塌、不稳定斜坡主要防范期

滑坡、崩塌、不稳定斜坡的形成受多种因素影响。我县发生的大部分上述灾害主要受降水的控制，其次受人类工程活动的影响。根据地质灾害形成条件的不同，确定上述灾害的防范期如下：

以降水为主要引发因素的滑坡、崩塌和不稳定斜坡灾害点、灾害隐患点主要防范期为5—10月；以人类工程活动（如修路、水利工程、通信线路、建房等）为主要引发因素的滑坡、崩塌，应以工程建设的全过程和运行过程为防范期。

3.地面塌陷主要防范期

我县地面塌陷灾害多发于地下防空洞区和湿陷性黄土覆盖区，该类地质灾害预防期应根据地面塌陷形成的征兆来确定，其一般性防范应贯穿全年。

（二）地质灾害重点防治区域

××××年度我县地质灾害的重点防治区域为：×××山、×××坪、×××沟、×××堡—×××山—×××石、×××山—×××开发区一带。主要威胁对象为上述区域内的居民、村民、企事业单位及公路、铁路、水利、电力等基础设施和旅游景点等。

三、本年度主要防治工作

坚持"预防为主、重点治理"的方针,全面推进地质灾害防治"四个体系"建设。积极争取国家和省上政策、资金支持,统筹安排、认真落实地质灾害综合防治体系建设任务,形成"政府主导、社会参与、市场化运作"的齐抓共管工作格局。

（一）调查评价

（1）以县自然资源局的地质灾害防治工作人员、受地质灾害威胁单位的防灾责任人等为主体,对已查明的地质灾害隐患和易发区段开展动态巡查,检查隐患有无新发展或有无新隐患产生,监测设备、警示标志是否完好,受威胁群众对预警信号、撤离路线和避灾场地是否熟悉,日常监测工作是否有效开展。

（2）开展地质灾害隐患核查。以县自然资源局地质灾害防治工作人员为主体,按照《县（市）地质灾害调查与区划基本要求》实施细则对新增地质灾害隐患点的形成条件、发育特征、危险性、危害性进行核查,建立核查调查表和动态地质灾害隐患点数据库。

（二）监测预警

1.完善地质灾害隐患点的群测群防监测网络

对全县***处地质灾害隐患点实施群测群防建设,布置简易监测、报警设备。落实监测预防责任人,发放防灾避险明白卡,组织做好重要地质灾害隐患的动态监测（附件1）;对监测预警系统进行维护、软件更新,对监测员手机客户端服务、监测仪器进行维护。通过对地质灾害隐患点巡查、监测,掌握地质灾害隐患点的变形情况,在出现临灾征兆时进行临灾预报,并及时上报上级部门,达到及时避让、自救、互救的目的。

2.做好预警预报

当发现前兆明显、可能造成人员伤亡或重大财产损失的地质灾害险情时,监测人员应及时报警,通告受威胁的单位和个人,动员群众及时撤离,并在地质灾害危险区的边界设置明显警示标志。自然资源、气象部门应在汛期联合发布地质灾害气象预警预报。

3.做好巡查检查

组织重点地质灾害隐患区巡查、排查,特别要做好主汛期的排查、检查及其他工作。同时为了及时掌握基层地质灾害巡查监测情况,确保汛期地质灾害监测报告制度的落实,全县要建立24小时值班制度和雨后常规报告制度,在降雨后应对地质灾害隐患点进行排查,将辖区地质灾害发生及变化情况报县地质灾害防治领导组办公室。汛期值班电话须向社会公布。

4.群测群防工作建设

完善地质灾害群测群防体系，明确群测群防监测点位置和监测预警责任人，确保全县所有地质灾害隐患监测到点、责任到人。落实群测群防补助，发放防灾避险明白卡，组织做好已发现地质灾害隐患的动态监测。

（三）综合治理

继续完成省级、市级的续建项目，全面落实推进××省《地质灾害综合防治体系建设方案（2014—2018）》在我县实施的综合治理工程（附件2）。综合治理工程项目管理严格执行国家、省级有关办法与规定，保证治理工程质量和效果。

继续实施×××崩塌群治理项目（二期）、×××区崩塌群治理工程、×××崩塌群治理项目（一期）、×××开发区崩塌群治理工程、×××不稳定斜坡治理工程等*处地质灾害治理工程。

（四）应急能力建设

（1）乡镇（街道）、村（社区），结合本县域地质灾害防灾减灾工作任务，在突出防治方案、应急预案的针对性和实效性的前提下，因地制宜地制定各地的防灾方案、预案，并在汛期前完成编制和发布。

（2）在地质灾害发育较明显的乡镇（街道）设置地质灾害应急避险场所和应急平台。

（3）加强地质灾害防治知识宣传培训，开展地质灾害防灾应急演练，提高部门协调能力和临灾应急避险能力，地质灾害应急培训应与演练相结合，年内有计划地组织乡镇（街道）级应急演练工作。

（4）积极做好应急处置。认真落实信息发布、应急响应、应急值守、应急处置、灾情速报等各项制度措施，发生险情或灾情，立即向应急管理部门、自然资源部门和县政府及时上报灾情险情及处置情况。对突发地质灾害具备应急治理工程条件的，实施地质灾害应急治理工程。

四、保障措施

（一）认真落实地质灾害防治管理法规、规划和制度

继续深入贯彻《地质灾害防治条例》、国务院《关于加强地质灾害防治工作的决定》（国发〔2011〕20号）、《××省地质环境保护条例》、《×××市地质灾害防治规划》，落实省政府《关于贯彻落实国务院关于加强地质灾害防治工作决定的实施意见》（×政发〔2011〕116号）、市政府《关于加强地质灾害防治工作的意见》（×政发〔2012〕94

号）、《×××市地质灾害防治管理办法》（×政发〔2017〕第10号）法规、规划等。

（二）加强地质灾害防治组织领导

县地质灾害防治领导小组是全县防灾工作的领导机构，各相关部门、涉灾乡镇（街道）、开发区管委会、村（社区）等部门按其职责负责各自辖区内的地质灾害防治工作，建立并完善领导责任制。

以地质灾害群测群防为重点，认真落实和不断完善乡镇（街道）、村（社区）群测群防网络体系，建立覆盖全县的"监测点到位、责任到人"的地质灾害监测预防机制。同时，应认真落实应急预案，做好应急演练等工作。

（三）明确分工、加强责任、监督和执法检查

依据市政府制定的《×××地质灾害防治工作责任制度》，实行各级政府统一领导、各部门各负其责和属地化管理相结合的管理体系。坚持"谁引发、谁治理，谁治理、谁受益"的治理原则，进一步加强责任体系建设，明确分工、强化职责。教育、公安、民政、自然资源、应急管理、建设、规划、城市管理、交通、水务、林业、卫生、园林、气象等部门要按照法定职责各司其职，坚决依法查处违法行为，共同做好地质灾害防治工作。

（四）加强地质灾害防治专项资金保障

在××××年度财政预算中，县财政列支地质灾害防治专项资金，同时向上级自然资源部门申请补助，以确保资金及时到位。确保专项资金用于全县地质灾害应急处置、治理工程、搬迁避让补助、监测预警及基础调查和科研等工作。

（五）加强地质灾害危险性评估工作

凡在地质灾害易发区内实施的工程建设，必须进行地质灾害危险性评估，并上报自然资源主管部门审查。存在地质灾害隐患的建设场地必须按评估报告的结论和建议进行专项治理，切实避免和减轻地质灾害造成重大损失。

五、附件

1.×××市 ×××县××××年地质灾害监测点一览表（样例）

序号	编号	灾害点名称	灾害点位置		灾害类型	地理坐标		预测损失		危害程度	街道主管	街道分管	社区主任	责任人、监测人
			乡镇（街道）	村（社区）		东经	北纬	威胁人员/人	威胁财产/万元					
1														
2														

2.×××市×××县××××年地质灾害治理工程一览表（样例）

序号	工程名称	所处县区	危害分级	工程内容	项目资金/万元	主体单位	实施年度
1	×××开发区崩塌群（一期）治理工程	×××区	特大型	治理工程		×××局	2018年（续建）
2	×××不稳定斜坡治理工程	×××区	特大型	治理工程		×××局	2018年（续建）
3	×××区崩塌群（二期）治理工程	×××区	特大型	治理工程		×××局	2019年（续建）
4	×××崩塌群（峡口3号滑坡）治理工程	×××区	特大型	治理工程		×××局	2019年（续建）

附录四　国务院关于加强地质灾害防治工作的决定

国务院关于加强地质灾害防治工作的决定

国发〔2011〕20号

各省、自治区、直辖市人民政府，国务院各部委、各直属机构：

我国是世界上地质灾害最严重、受威胁人口最多的国家之一，地质条件复杂，构造活动频繁，崩塌、滑坡、泥石流、地面塌陷、地面沉降、地裂缝等灾害隐患多、分布广，且隐蔽性、突发性和破坏性强，防范难度大。特别是近年来受极端天气、地震、工程建设等因素影响，地质灾害多发频发，给人民群众生命财产造成严重损失。为进一步加强地质灾害防治工作，特作如下决定。

一、**指导思想、基本原则和工作目标**

（一）指导思想。全面贯彻党的十七大和十七届三中、四中、五中全会精神，以邓小平理论和"三个代表"重要思想为指导，全面贯彻落实科学发展观，将"以人为本"的理念贯穿于地质灾害防治工作各个环节，以保护人民群众生命财产安全为根本，以建立健全地质灾害调查评价体系、监测预警体系、防治体系、应急体系为核心，强化全社会地质灾害防范意识和能力，科学规划，突出重点，整体推进，全面提高我国地质灾害防治水平。

（二）基本原则。坚持属地管理、分级负责，明确地方政府的地质灾害防治主体责任，做到政府组织领导、部门分工协作、全社会共同参与；坚持预防为主、防治结合，科学运用监测预警、搬迁避让和工程治理等多种手段，有效规避灾害风险；坚持专群结合、群测群防，充分发挥专业监测机构作用，紧紧依靠广大基层群众全面做好地质灾害防治工作；坚持谁引发、谁治理，对工程建设引发的地质灾害隐患明确防灾责任单位，切实落实防范治理责任；坚持统筹规划、综合治理，在加强地质灾害防治的同时，协调推进山洪等其他灾害防治及生态环境治理工作。

（三）工作目标。"十二五"期间，完成地质灾害重点防治区灾害调查任务，全面查清地质灾害隐患的基本情况；基本完成三峡库区、汶川和玉树地震灾区、地质灾害高易发区重大地质灾害隐患点的工程治理或搬迁避让；对其他隐患点，积极开展专群结合的监测预警，灾情、险情得到及时监控和有效处置。到2020年，全面建成地质灾害调查评价体系、监测预警体系、防治体系和应急体系，基本消除特大型地质灾害隐患点的威胁，使灾害造成的人员伤亡和财产损失明显减少。

二、全面开展隐患调查和动态巡查

（四）加强调查评价。以县为单元在全国范围全面开展山洪、地质灾害调查评价工作，重点提高汶川、玉树地震灾区以及三峡库区、西南山区、西北黄土区、东南沿海等地区的调查工作程度，加大对人口密集区、重要军民设施周边地质灾害危险性的评价力度。调查评价结果要及时提交当地县级以上人民政府，作为灾害防治工作的基础依据。

（五）强化重点勘查。对可能威胁城镇、学校、医院、集市和村庄、部队营区等人口密集区域及饮用水源地，隐蔽性强、地质条件复杂的重大隐患点，要组织力量进行详细勘查，查明灾害成因、危害程度，掌握其发展变化规律，并逐点制定落实监测防治措施。

（六）开展动态巡查。地质灾害易发区县级人民政府要建立健全隐患排查制度，组织对本地区地质灾害隐患点开展经常性巡回检查，对重点防治区域每年开展汛前排查、汛中检查和汛后核查，及时消除灾害隐患，并将排查结果及防灾责任单位及时向社会公布。省、市两级人民政府和相关部门要加强对县级人民政府隐患排查工作的督促指导，对基层难以确定的隐患，要及时组织专业部门进行现场核查确认。

三、加强监测预报预警

（七）完善监测预报网络。各地区要加快构建国土、气象、水利等部门联合的监测预警信息共享平台，建立预报会商和预警联动机制。对城镇、乡村、学校、医院及其他企事业单位等人口密集区上游易发生滑坡、山洪、泥石流的高山峡谷地带，要加密部署气象、水文、地质灾害等专业监测设备，加强监测预报，确保及时发现险情、及时发出预警。

（八）加强预警信息发布手段建设。进一步完善国家突发公共事件预警信息发布系统，建立国家应急广播体系，充分利用广播、电视、互联网、手机短信、电话、宣传车和电子显示屏等各种媒体和手段，及时发布地质灾害预警信息。重点加强农村山区等偏远地区紧急预警信息发布手段建设，并因地制宜地利用有线广播、高音喇叭、鸣锣吹哨、逐户通知等方式，将灾害预警信息及时传递给受威胁群众。

（九）提高群测群防水平。地质灾害易发区的县、乡两级人民政府要加强群测群防的组织领导，健全以村干部和骨干群众为主体的群测群防队伍。引导、鼓励基层社区、村组成立地质灾害联防联控互助组织。对群测群防员给予适当经费补贴，并配备简便实用的监测预警设备。组织相关部门和专业技术人员加强对群测群防员等的防灾知识技能培训，不断增强其识灾报灾、监测预警和临灾避险应急能力。

四、有效规避灾害风险

（十）严格地质灾害危险性评估。在地质灾害易发区内进行工程建设，要严格按规定开展地质灾害危险性评估，严防人为活动诱发地质灾害。强化资源开发中的生态保护与监管，开展易灾地区生态环境监测评估。各地区、各有关部门编制城市总体规划、村庄和集镇规划、基础设施专项规划时，要加强对规划区地质灾害危险性评估，合理确定项目选址、布局，切实避开危险区域。

（十一）快速有序组织临灾避险。对出现灾害前兆、可能造成人员伤亡和重大财产损失的区域和地段，县级人民政府要及时划定地质灾害危险区，向社会公告并设立明显的警示标志；要组织制定防灾避险方案，明确防灾责任人、预警信号、疏散路线及临时安置场所等。遇台风、强降雨等恶劣天气及地震灾害发生时，要组织力量严密监测隐患发展变化，紧急情况下，当地人民政府、基层群测群防组织要迅速启动防灾避险方案，及时有序组织群众安全转移，并在原址设立警示标志，避免人员进入造成伤亡。在安排临时转移群众返回原址居住前，要对灾害隐患进行安全评估，落实监测预警等防范措施。

（十二）加快实施搬迁避让。地方各级人民政府要把地质灾害防治与扶贫开发、生态移民、新农村建设、小城镇建设、土地整治等有机结合起来，统筹安排资金，有计划、有步骤地加快地质灾害危险区内群众搬迁避让，优先搬迁危害程度高、治理难度大的地质灾害隐患点周边群众。要加强对搬迁安置点的选址评估，确保新址不受地质灾害威胁，并为搬迁群众提供长远生产、生活条件。

五、综合采取防治措施

（十三）科学开展工程治理。对一时难以实施搬迁避让的地质灾害隐患点，各地区要加快开展工程治理，充分发挥专家和专业队伍作用，科学设计，精心施工，保证工程质量，提高资金使用效率。各级国土资源、发展改革、财政等相关部门，要加强对工程治理项目的支持和指导监督。

（十四）加快地震灾区、三峡库区地质灾害防治。针对汶川、玉树等地震对灾区地质环境造成的严重破坏，在全面开展地震影响区地质灾害详细调查评价的基础上，抓紧编制实施地质灾害防治专项规划，对重大隐患点进行严密监测，及时采取搬迁避让、工程治理等防治措施，防止造成重大人员伤亡和财产损失。组织实施好三峡库区地质灾害防治工作，妥善解决二、三期地质灾害防治遗留问题，重点加强对水位涨落引发的滑坡、崩塌监测预警和应急处置。

（十五）加强重要设施周边地质灾害防治。对交通干线、水利枢纽、输供电输油（气）设施等重要设施及军事设施周边重大地质灾害隐患，有关部门和企业要及时采取防治措施，确保安全。经评估论证需采取地质灾害防治措施的工程项目，建设单位必须在主体工程建设的同时，实施地质灾害防护工程。各施工企业要加强对工地周边地质灾害隐患的监测预警，制定防灾预案，切实保证在建工程和施工人员安全。

（十六）积极开展综合治理。各地区要组织国土资源、发展改革、财政、环境保护、水利、农业、安全监管、林业、气象等相关部门，统筹各方资源抓好地质灾害防治、矿山地质环境治理恢复、水土保持、山洪灾害防治、中小河流治理和病险水库除险加固、尾矿库隐患治理、易灾地区生态环境治理等各项工作，切实提高地质灾害综合治理水平。要编制实施相关规划，合理安排非工程措施和工程措施，适当提高山区城镇、乡村的地质灾害设防标准。

（十七）建立健全地面沉降、塌陷及地裂缝防控机制。建立相关部门、地方政府地面沉降防控共同责任制，完善重点地区地面沉降监测网络，实行地面沉降与地下水开采联防联控，重点加强对长江三角洲、华北地区和汾渭地区地下水开采管理，合理实施地下水禁采、限采措施和人工回灌等工程，建立地面沉降防治示范区，遏制地面沉降、地裂缝进一步加剧。在深入调查的基础上，划定地面塌陷易发区、危险区，强化防护措施。制定地下工程活动和地下空间管理办法，严格审批程序，防止矿产开采、地下水抽采和其他地下工程建设以及地下空间使用不当等引发地面沉降、塌陷及地裂缝等灾害。

六、加强应急救援工作

（十八）提高地质灾害应急能力。地方各级人民政府要结合地质灾害防治工作实际，加强应急救援体系建设，加快组建专群结合的应急救援队伍，配备必要的交通、通信和专业设备，形成高效的应急工作机制。进一步修订完善突发地质灾害应急预案，制定严密、科学的应急工作流程。建设完善应急避难场所，加强必要的生活物资和医疗用品储备，定期组织应急预案演练，提高有关各方协调联动和应急处置能力。

（十九）强化基层地质灾害防范。地质灾害易发区要充分发挥基层群众熟悉情况的优势，大力支持和推进乡、村地质灾害监测、巡查、预警、转移避险等应急能力建设。在地质灾害重点防范期内，乡镇人民政府、基层群众自治组织要加强对地质灾害隐患的巡回检查，对威胁学校、医院、村庄、集市、企事业单位等人员密集场所的重大隐患点，要安排专人盯守巡查，并于每年汛期前至少组织一次应急避险演练。

（二十）做好突发地质灾害的抢险救援。地方各级人民政府要切实做好突发地质灾害的抢险救援工作，加强综合协调，快速高效做好人员搜救、灾情调查、险情分析、次生灾害防范等应急处置工作。要妥善安排受灾群众生活、医疗和心理救助，全力维护灾区社会稳定。

七、健全保障机制

（二十一）完善和落实法规标准。全面落实《地质灾害防治条例》，地质灾害易发区要抓紧制定完善地方性配套法规规章，健全地质灾害防治法制体系。抓紧修定地质灾害调查评价、危险性评估与风险区划、监测预警和应急处置的规范标准，完善地质灾害治理工程勘查、设计、施工、监理、危险性评估等技术要求和规程。

（二十二）加强地质灾害防治队伍建设。地质灾害易发区省、市、县级人民政府要建立健全与本地区地质灾害防治需要相适应的专业监测、应急管理和技术保障队伍，加大资源整合和经费保障力度，确保各项工作正常开展。支持高等院校、科研院所加大地质灾害防治专业技术人才培养力度，对长期在基层一线从事地质灾害调查、监测等防治工作的专业技术人员，在职务、职称等方面给予政策倾斜。

（二十三）加大资金投入和管理。国家设立的特大型地质灾害防治专项资金，用于开展全国地质灾害调查评价，实施重大隐患点的监测预警、勘查、搬迁避让、工程治理和应急处置，支持群测群防体系建设、科普宣教和培训工作。地方各级人民政府要将地质灾害防治费用和群测群防员补助资金纳入财政保障范围，根据本地实际，增加安排用于地质灾害防治工作的财政投入。同时，要严格资金管理，确保地质灾害防治资金专款专用。各地区要探索制定优惠政策，鼓励、吸引社会资金投入地质灾害防治工作。

（二十四）积极推进科技创新。国家和地方相关科技计划（基金、专项）等要加大对地质灾害防治领域科学研究和技术创新的支持力度，加强对复杂山体成灾机理、灾害风险分析、灾害监测与治理技术、地震对地质灾害影响评价等方面的研究。积极采用地理信息、全球定位、卫星通信、遥感遥测等先进技术手段，探索运用物联网等前沿技术，提升地质灾害调查评价、监测预警的精度和效率。鼓励地质灾害预警和应急指挥、救援关键技术装备的研制，推广应用生命探测、大型挖掘起重破障、物探钻探及大功率水泵等先进适用装备，提高抢险救援和应急处置能力。加强国际交流与合作，学习借鉴国外先进的地质灾害防治理论和技术方法。

（二十五）深入开展科普宣传和培训教育。各地区、各有关部门要广泛开展地质灾害识灾防灾、灾情报告、避险自救等知识的宣传普及，增强全社会预防地质灾害的意识和自我保护能力。地质灾害易发区要定期组织机关干部、基层组织负责人和骨干群众参加地质灾害防治知识培训，加强对中小学学生地质灾害防治知识的教育和技能演练；市、县、乡级政府负责人要全面掌握本地区地质灾害情况，切实增强灾害防治及抢险救援指挥能力。

八、加强组织领导和协调

（二十六）切实加强组织领导。地方各级人民政府要把地质灾害防治工作列入重要议事日程，纳入政府绩效考核，考核结果作为领导班子和领导干部综合考核评价的重要内容。要加强对地质灾害防治工作的领导，地方政府主要负责人对本地区地质灾害防治工作负总责，建立完善逐级负责制，确保防治责任和措施层层落到实处。地质灾害易发区要把地质灾害防治作为市、县、乡级政府分管领导及主管部门负责人任职等谈话的重要内容，督促检查防灾责任落实情况。对在地质灾害防范和处置中玩忽职守，致使工作不到位，造成重大人员伤亡和财产损失的，要依法依规严肃追究行政领导和相关责任人的责任。

（二十七）加强沟通协调。各有关部门要各负其责、密切配合，加强与人民解放军、武警部队的沟通联络和信息共享，共同做好地质灾害防治工作。国土资源部门要加强对地质灾害防治工作的组织协调和指导监督；发展改革、教育、工业和信息化、民政、住房城乡建设、交通运输、铁道、水利、卫生、安全监管、电力监管、旅游等部门要按照职责分工，做好相关领域地质灾害防治工作的组织实施。

（二十八）构建全社会共同参与的地质灾害防治工作格局。广泛发动社会各方面力量积极参与地质灾害防治工作，紧紧依靠人民解放军、武警部队、民兵预备役、公安消防队伍等抢险救援骨干力量，切实发挥工会、共青团、妇联等人民团体在动员群众、宣传教育等方面的作用，鼓励公民、法人和其他社会组织共同关心、支持地质灾害防治事业。对在地质灾害防治工作中成绩显著的单位和个人，各级人民政府要给予表扬奖励。

国务院

二〇一一年六月十三日

主要参考文献

陈红旗,张小趁,祁小博,等.突发地质灾害应急防治概论[M].北京:地质出版社, 2018.

陈孝轩,席丹妮.岩溶地面塌陷成因及演化规律分析[J].矿产勘查,2024,15(增1): 428-437.

成都市地质环境监测站.地质灾害基本知识[M].成都:四川大学出版社,2015.

成都市青白江区规划和自然资源局.地质灾害防治科普知识(四)地面崩塌[EB/OL]. (2023-05-15)[2024-10-31]. https://mp. weixin. qq. com/s? __biz=MzAwNTc0MDQ5OQ== &mid=2650476070&idx = 1&sn=dc7a6bf25d8dbd280626dd3fa9d8e2b2&chksm=8317ac9ab46 0258cddac7cbb6353087e8d7b7b392482b891af221694999e7500a167d786a612&scene=27.

崔振东,唐益群.国内外地面沉降现状与研究[J].西北地震学报,2007,29(3): 275-292.

杜修力,姚爱军.山区村镇地质灾害防治[M].北京:科学出版社,2010.

范文,李培,熊炜,等.秦巴山区地质灾害防治科普手册[M].济南:山东大学出版社, 2021.

甘洛县人民政府门户网站.州委书记林书成视察指导成昆铁路"8·14"山体边坡垮塌 抢险救援工作[EB/OL].(2019-08-21)[2024-06-11]. http://www.ganluo.gov.cn/zfxxgk/gzdt/ tpxw/201908/t20190821_1242649.html.

广东省地质环境监测总站.知己知彼,了解地面塌陷,别掉坑里去[EB/OL].(2018-11- 12)[2024-10-18]. https://mp. weixin. qq. com/s? __biz=MzU3MjAzODAxNQ== &mid= 2247490606&idx=2&sn = bd43dbbbe889c171618a89f33273fe1b&chksm=fcd6523ecba1db281 3862a2ae010e993c340b84ef4bfd007a12600c9bfbb65f35077dfb6aedc&scene=27.

光明科普.世界地球日科普系列-防灾减灾-保障城市安全[EB/OL].(2024-04-24) [2024-05-09]. https://kepu.gmw.cn/2024-04/24/content_37282815.htm.

国家市场监督管理总局.地质灾害危险性评估规范:GB/T 40112—2021[S].北京:中 国标准出版社,2021.

国家应急广播网.地陷预警早知道[EB/OL].(2022-12-19)[2024-10-19]. http://www.

cneb.gov.cn/kepu/kepudonghua.

何安江.三大地质灾害的成因类型[EB/OL].（2024-05-13)[2024-05-22]. https://mp.weixin.qq.com/s/LhwiuTg_M9ZfNTiZfR_gXg.

李东林,宋彬,王明秋,等.地质灾害调查与评价[M].武汉:中国地质大学出版社,2013.

李佳燕.这些地质灾害如何防范？——地面塌陷[EB/OL].（2024-07-20)[2024-10-30]. https://mp.weixin.qq.com/s/nSnz1VvP8bXLc-1_juNyeA.

李启东.认识身边的地质灾害——泥石流[EB/OL].（2023-05-11)[2024-08-19]. https://mp.weixin.qq.com/s/WjEWEDYe4g-OYT8e8RJlXw.

李媛,杨旭东,尹春荣,等.中国地质灾害时空分布及防灾减灾[M].北京:地质出版社,2020.

林美惠.应急科普——泥石流避险常识[EB/OL].（2023-08-11)[2024-08-24]. https://mp.weixin.qq.com/s/HFwuV-_Gixeh0J41T0znIA.

林战举,范星文.多年冻土退化的环境与工程灾害效应[EB/OL].（2022-10-02)[2024-07-04]. https://mp.weixin.qq.com/s/Vy0f7BHeQYuXSjT9GAfbGQ.

刘风民,张立海,刘海青,等.中国地震次生地质灾害危险性评价[J].地质力学学报,2006,12(2):127-131.

吕坚.地质灾害防治科普知识——滑坡[EB/OL].（2021-06-10)[2024-07-05]. https://mp.weixin.qq.com/s?__biz=MzIxMDg1NzUzMg==&mid=2247486399&idx=6&sn=b55a874354812a7cef4815f6552497b1&chksm = 975f70eca028f9fa89ada18b641bffb377ceec5afa6171901d1358240e7c6ba236802d8d0230&scene=27.

吕梁市人民政府网站.柳林县"1·28"黄土崩塌自然灾害调查评估报告[EB/OL].（2023-01-28）[2024-05-15]. http://www. lvliang. gov. cn/llxxgk/zfxxgk/xxgkml/hflwj/lzh/202303/t20230317_1744924.html.

美国地质调查局（USGS)网站. USGS Monitors Huge Landslides on California's Big Sur Coast, Shares Information with California Department of Transportation[EB/OL].（2017-11-01）[2024-07-03]. https://www. usgs. gov/programs/cmhrp/news/usgs-monitors-huge-landslides-californias-big-sur-coast-shares-information.

彭建兵,李庆春,陈志新,等.黄土洞穴灾害[M].北京:科学出版社,2008.

彭建兵,张勤,黄强兵,等.西安地裂缝灾害[M].北京:科学出版社,2012.

全国科学技术名词审定委员会事务中心.泥石流[EB/OL].（2024-07-24)[2024-08-02]. https://mp.weixin.qq.com/s/UQ0or787YASw6tC_umTn4Q.

山东省国土资源厅.临灾避险远离伤害:山东省地质灾害避险知识科普手册[M].济

南:山东科技出版社,2018.

陕西省地质环境监测总站.崩塌(中国地质灾害科普丛书)[M].武汉:中国地质大学出版社,2019.

陕西省地质环境监测总站.地裂缝(中国地质灾害科普丛书)[M].武汉:中国地质大学出版社,2019.

陕西省地质环境监测总站.地面沉降(中国地质灾害科普丛书)[M].武汉:中国地质大学出版社,2019.

陕西省地质环境监测总站.地面塌陷(中国地质灾害科普丛书)[M].武汉:中国地质大学出版社,2019.

陕西省地质环境监测总站.滑坡(中国地质灾害科普丛书)[M].武汉:中国地质大学出版社,2019.

陕西省地质环境监测总站.泥石流(中国地质灾害科普丛书)[M].武汉:中国地质大学出版社,2019.

石胜伟,陈容,张勇.常见地质灾害识别与避让[M].北京:科学出版社,2019.

宿星,魏万鸿,张满银,等.甘肃积石山强震诱发同震滑坡-泥流灾害链联动耦合致灾效应[J].冰川冻土,2024,46(3):763-779.

孙建中.黄土学(上篇)[M].香港:香港考古学会,2005.

陶虹.崩塌[EB/OL].(2022-08-16)[2024-06-07].https://mp.weixin.qq.com/s/KpjOL-Bctdvx96wX-HXN4PQ.

陶虹,姚超伟.地质灾害科普讲堂第三讲:泥石流[EB/OL].(2020-02-11)[2024-07-19].https://mp.weixin.qq.com/s/LIApRPAcZwfOUrtUsC6gkA.

王得楷,胡杰.地质灾害预防[M].兰州:兰州大学出版社,2010.

王得楷,张满银,叶伟林,等.黄土地质灾害相关科学研究问题探讨[J].冰川冻土,2017,40(1):197-204.

王康年.科普宣传:山区地质灾害防治[EB/OL].(2022-07-02)[2024-05-29].https://mp.weixin.qq.com/s/F1CLTQBzYLATkNW8c7CViA.

王立朝,陈亮,冯振.黄土地质灾害防治科普画册[M].北京:知识产权出版社,2022.

王念秦,马建全,尚慧,等.地质灾害防治技术[M].北京:科学出版社,2019.

吴玮江.甘肃典型滑坡灾害[M].兰州:甘肃科学技术出版社,2015.

吴玮江,王念秦.甘肃滑坡灾害[M].兰州:兰州大学出版社,2006.

许强.汶川大地震诱发地质灾害主要类型与特征[J].地质灾害与环境保护,2009,20(2):86-93.

杨绍平,闫宗平,李学明,等.地质灾害防治技术[M].北京:中国水利水电出版社,

2015.

殷跃平.中国典型滑坡[M].北京:中国大地出版社,2007.

云南省人民政府门户网站.坚决贯彻落实习近平总书记重要指示精神–全力搜救失联人员分秒必争抢救生命[EB/OL].(2024-01-23)[2024-03-23]. https://www.yn.gov.cn/ywdt/ynyw/202401/t20240123_294100.html.

负小苏.地质灾害群测群防体系建设指南[M].北京:中国大地出版社,2008.

蕴玉呈辉.论黄土地质灾害链(一)[EB/OL].(2022-06-15)[2024-10-19]. https://mp.weixin.qq.com/s/T3PMmr-M1aq3u9jrpRgB-w.

章城.地裂缝灾害的成因及应对策略[EB/OL].(2024-06-15)[2024-08-18]. https://mp.weixin.qq.com/s/DremSUTNMV658kC5Q4Orrw.

张佳楠.泥石流,疯狂的地质灾害[EB/OL].(2023-01-29)[2024-05-22]. https://mp.weixin.qq.com/s/MqOADWdES_6Xx0Fb5yf9RA.

张楠,方志伟,韩笑,等.近年来我国泥石流灾害时空分布规律及成因分析[J].地学前缘,2018,25(2):299-308.

张芳枝.地质灾害预防应急管理及减灾技术[M].北京:中国水利水电出版社,2013.

赵世华,孔雅茜,盛玉环,等.湖南省地质灾害防治知识读本[M].长沙:湖南地图出版社,2016.

赵怡博,曾悦欣.9个知识让你快速了解滑坡[EB/OL].(2023-09-23)[2024-04-27]. https://mp.weixin.qq.com/s/aQzNnv9SHB1pyAnK7Lcc2A.

中国地质灾害防治工程行业协会.地质灾害分类分级标准(试行):T/CAGHP 001—2018 [S].武汉:中国地质大学出版社,2018.

中国地质灾害防治工程行业协会.地质灾害区域气象风险预警标准(试行):T/CAGHP 039—2018[S].武汉:中国地质大学出版社,2018.

中国地质灾害防治与生态修复协会.中国地质灾害防治指南[M].北京:地质出版社,2023.

中国安全生产科学研究院.地质灾害防御及应急避险指南[M].北京:中国劳动社会保障出版社,2022.

中国地质灾害防治工程行业协会.地质灾害群测群防监测规范(试行):T/CAGHP 070—2019[S].武汉:中国地质大学出版社,2019.

中国科学院兰州冰川冻土研究所,甘肃省交通科学研究所.甘肃泥石流[M].北京:人民交通出版社,1982.

中华人民共和国中央人民政府.沪昆铁路山体滑坡造成客车脱线事故[EB/OL].(2010-05-23)[2024-05-26]. https://www.gov.cn/jrzg/2010-05/23/content_1611692.htm.

中交第一公路勘察设计研究院有限公司. 公路地质灾害防治应知应会手册[M]. 北京:人民交通出版社,2019.

朱耀琪. 中国地质灾害与防治[M]. 北京:地质出版社,2017.

Engeoman. 1983年甘肃省东乡洒勒山大滑坡[EB/OL]. (2022-03-07)[2024-06-19]. https://mp.weixin.qq.com/s/ibE7Fu9bGL0fifaZboSENQ.

Engeoman. 静态液化型黄土滑坡的特征与成灾模式[EB/OL]. (2023-12-21)[2024-05-22]. https://mp.weixin.qq.com/s/6u2V0ZFJTn-Ic7LKU8XJaQ.

DERBYSHIRE E, MENG X M, DIJKSTRA T A. Landslides in the thick loess terrain of North-West China [M]. England:John Wiley & Sons,Inc.,1999.

Hazard-Risk. 甘肃渭源"7·18"东坪社滑坡[EB/OL]. (2024-05-14)[2024-06-23]. https://mp.weixin.qq.com/s/5IPZwR1MUDbTvXrwns3nqA.

Hazard-Risk. 滑坡分类-基于Varnes分类方案的更新[EB/OL]. (2023-04-26)[2024-04-22]. https://mp.weixin.qq.com/s/oIxfWfndEfBwjACXbqPFrw.

HIGHLAND L M, BOBROWSKY P. The landslide handbook—A guide to understanding landslides[M]. Virginia: U.S. Geological Survey,2008.

CLAGUE J J, STEAD D. Landslides: Types, Mechanisms and Modeling[M], Cambridge : Cambridge University Press, 2012.

ZHU L, LIANG H, HE S M, et al. 地质灾害事件回顾(1):2019年8月14日成昆铁路崩塌事件[EB/OL]. (2020-03-23)[2024-03-27]. https://mp.weixin.qq.com/s/lWM7ZPSY0PTX-LB9U9kxcSg.

HUNGRY O, LEROUEIL S, PICARELLI L. The Varnes classification of landslide types, an update[J]. Landslides, 2014, 11: 167-194.

编后语

    出版一本较为通俗易懂、大众化的预防地质灾害科技知识方面的读物，是我们多年的夙愿。在上百次的地质灾害救灾实践中，我们目睹了广大灾区的干部群众，由于缺乏必要的科学知识，面对突然发生的滑坡、泥石流等地质灾害时惊慌失措的样子。殊不知，地质灾害孕育的时间一般很长，需要几年甚至几十年。有很多灾害的起因都源于人类对自然环境的不当行为，比如盲目地平山填沟、放坡建房，炸石、修路，挖山采矿、采石，削坡，台地大水漫灌，大量工程弃渣（土）随意堆置沟谷，以及乱砍滥伐、破坏植被生态……其结果便是"自食其果"。人类在肆意掠夺或无序开发利用自然的同时，也遭到了大自然的"报复"，的确让人痛心疾首!

    2008年5月12日汶川大地震中，次生地质灾害损失占有很高的比例。以甘肃省为例，遇难的365人中，就有151人死于次生地质灾害，约占到遇难人数的41.4%。受此激发，我们编写了《地质灾害预防基本知识》（讲解本）。赴灾区宣讲该讲解本后收到了意外的效果，我们也切身感受到了灾区干部群众对防灾知识的渴望，由此产生了编写一本正式出版的地质灾害预防方面科普读物的动力和压力。当时可供参考的这类出版物很少，编写团队花费很大力气分头查找资料总结编写，终于在2010年6月由兰州大学出版社正式出版了《地质灾害预防》一书。2010年舟曲特大泥石流灾害、2013年岷县-漳县地震灾害等多个灾害现场和多次省内外防灾减灾培训活动及科普宣传活动中，该书以资料形式发放，均取得了十分正面的效果。

    2023年，《地质灾害预防》在兰州大学出版社的推荐申请下，作为"西北地区自然灾害应急管理研究丛书"的系列出版物之一，获得国家出版基金资助。在当今这个网络高度发达、信息膨胀、科技迅猛发展的时代，知识更新的速度日益加快，社会治理能力也在短时间内得到显著提升。在这样的背景下，若想在10余年后再版此书，且再版时能将现实管理机制与自然灾害及防治（技术）等相融合，并确保再版后完全符合时代的需求，无疑是一项极具挑战性的任务。希望本书的再版能够比较充分地反映过去10多年的变化，也能够客观地表达今天的时代特色，并满足防灾之需。如有不足之处，仍然恳切希望得到读者朋友们的真诚批评指正。请将您的建议和意见发到 my. zhang@gsas.ac.cn，以便下次再版时修订完善。

本次修订再版工作量的完成中，主要编写人员王得楷、张满银和刘小晖分别完成 4 万字、15 万字和 12 万字，参与编写人员陈秀清、张连科各完成 2.1 万字，合计 35.2 万字。

最后，对本书再版过程中提供帮助和支持的院士、领导、专家和同事们表示真诚的感谢！

编　者
2024 年 10 月